AKADEMIE DER WISSENSCHAFTEN DER DDR

ATLAS
DER VERBREITUNG
PALAEARKTISCHER VÖGEL

Begründet von
E. STRESEMANN, Berlin, und L. A. PORTENKO, Leningrad

9. LIEFERUNG

Herausgegeben von
H. DATHE, Berlin, und I. A. NEUFELDT, Leningrad

Bearbeitet von

W. M. LOSKOT, I. A. NEUFELDT, E. v. VIETINGHOFF-SCHEEL, K. WUNDERLICH

Mit 10 zweifarbigen Verbreitungskarten

AKADEMIE-VERLAG · BERLIN

1981

Aus der Forschungsstelle für Wirbeltierforschung (im Tierpark Berlin)
der Akademie der Wissenschaften der DDR

Erschienen im Akademie-Verlag, DDR-1080 Berlin, Leipziger Straße 3—4

Lizenznummer: 202 · 100/490/81
Gesamtherstellung: VEB Druckerei „Thomas Müntzer", 5820 Bad Langensalza
Bestellnummer: 762 676 4 (3034/9) · LSV 1375
Printed in GDR
DDR 30,– M

INHALT DER 9. LIEFERUNG

VORWORT ZUR 9. LIEFERUNG

Wie stets erfuhren wir wertvolle Unterstützung, meist in Form mündlicher und brieflicher Auskünfte und Ergänzungen für unsere ökographische Forschungsarbeit seitens kompetenter Kollegen. Besonders verpflichtet sind wir: A. W. ANDREJEW (Magadan), L. W. FIRSOWA (Leningrad), B. J. ILJASCHENKO (Leningrad), A. A. KISCHTSCHINSKIJ (Moskau), Dr. H. KUMERLOEVE (München-Gräfelfing), E. G. LOBKOW (Jelizowo, Kamtschatka), Prof. Dr. H. MENDELSSOHN (Tel Aviv), R. MERTENS (Wipperfürth-Unternien), J. N. NAZAROW (Wladiwostok), W. A. NETSCHAJEW (Wladiwostok), G. E. ROSLJAKOW (Chabarowsk), Dr. E. SCHÄFER (Schnega), Dr. Th. SCHULTZE-WESTRUM (Assenhausen), Prof. Dr. G. TOHMÉ (Beirut), Dr. H. WITT (Bonn).

Sämtliche Verbreitungskarten wurden von Frau I. WILCZOK (Berlin) angefertigt.

ERIKA V. VIETINGHOFF-SCHEEL — KLAUS WUNDERLICH

IX

1980

Montifringilla blanfordi Hume

bearbeitet von

E. v. VIETINGHOFF-SCHEEL

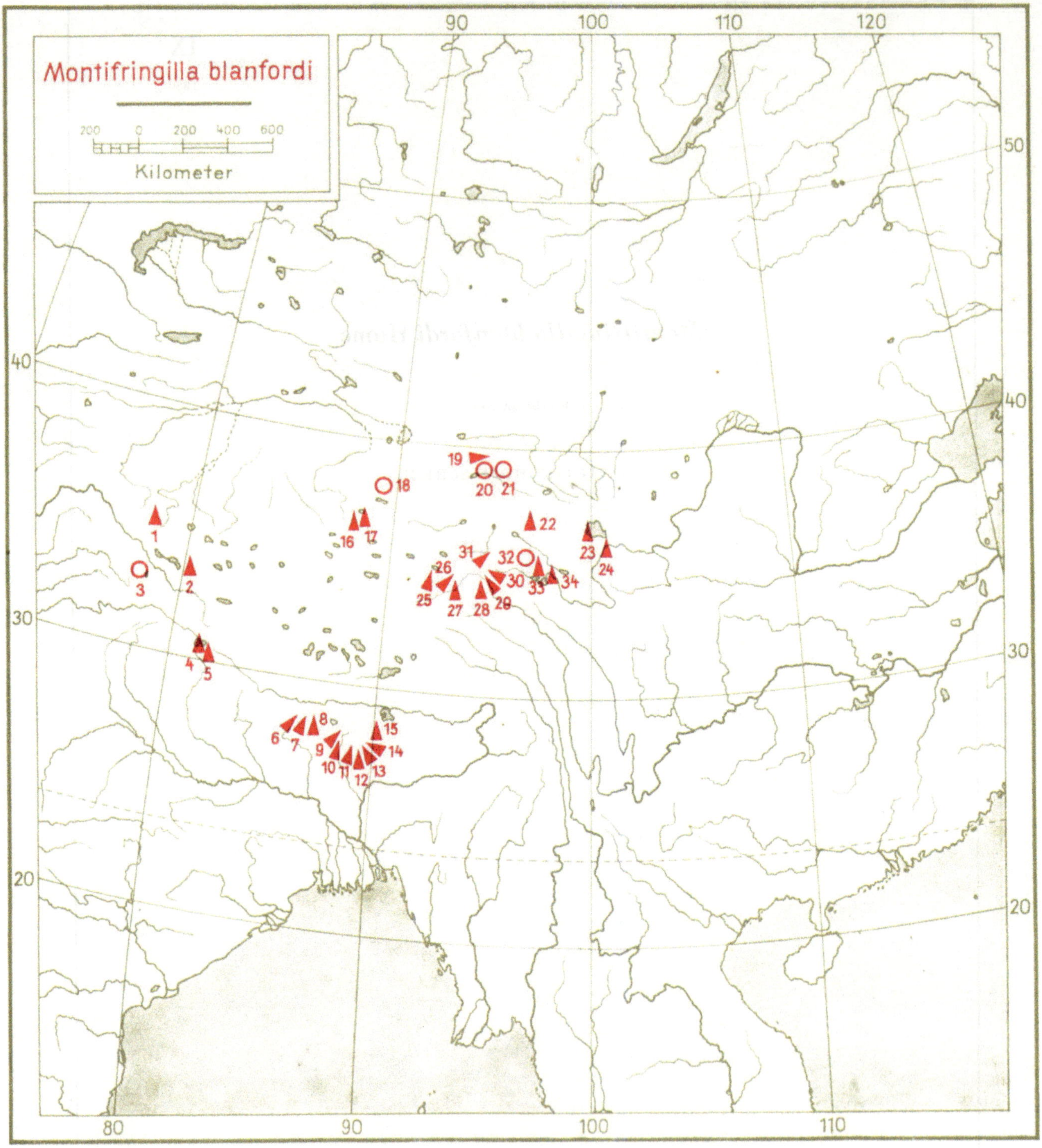
Montifringilla blanfordi
200 0 200 400 600
Kilometer
1
2
3
4
5
6
7
8
9
10
11
12
13
14
15
16
17
18
19
20
21
22
23
24
25
26
27
28
29
30
31
32
33
34

FUNDORTLISTE

Nr.	Fundort		Quelle
1.	Kum Bulak	A	Sillem 1934–35
–	Kushku Maidan	A	Sillem 1934–35
2.	Mangsia Tso	A	Ludlow u. Kinnear 1933
3.	Rupshu	A	fide Vaurie 1972
4.	Barkha (8. IX.)		Ali 1946
5.	Ding Tso	AB ? c	Ali 1946
6.	Tatzang	A	Hingston 1927
7.	Tingri Dzong		fide Vaurie 1972
8.	Shekar	N	Hingston 1927
9.	Khamba Jong	A	Walton 1906
10.	Gayokong	AJ	Schäfer unveröffentl.
–	Gayamtashana	J	Schäfer unveröffentl.
–	Kiang-Lager	A	Schäfer unveröffentl.
–	Lacheng-Tal (IX. u. X.)	Ac	Mandelli 1879
11.	Syrtyn-Ebene	AJ	Coll. Zool. Inst. Leningrad
12.	Natu La (21. XII.)		Meinertzhagen 1927
13.	Tang La	Ac	Ludlow 1928
14.	Tuna	A	Walton 1906
15.	Karo La-Paß	As	Walton 1906
16.	Jaschil-Kul (VIII.)	J	Coll. Zool. Inst. Leningrad
17.	Zajsan-Sajru (IX.)	J	Coll. Zool. Inst. Leningrad
18.	„Tal der Winde" (zw. Tschamen-Tag u. Zaidam-Gebirge; XII.)	A	Coll. Zool. Inst. Leningrad
19.	Oberlauf d. Schargoldshin (= Darj-ho)	A	Coll. Zool. Inst. Leningrad
20.	Syrtyn-Ebene	AJ	Coll. Zool. Inst. Leningrad
21.	Nordfuß des Humboldt-Gebirges	A	Coll. Zool. Inst. Leningrad
22.	Kurlyk (IV.)	A	Coll. Zool. Inst. Leningrad
23.	NW-Ufer des Kuku-nor (IV.)	A	Coll. Zool. Inst. Leningrad
24.	SE-Ufer des Kuku-Nor (17. IX.)	A	Bianchi 1915; Coll. Zool. Inst. Leningrad
25.	Kuku-schili-Gebirge	A	Deditius 1886
26.	Lager 124	A	Schäfer u. Meyer de Schauensee 1939
27.	Lager 123	A	Schäfer 1938
28.	Lager 119 (am Drechu)	A	Schäfer 1938
29.	Lager 118 (am Chumar)	A	Schäfer 1938
30.	Lager 117	A	Schäfer u. Meyer de Schauensee 1939
31.	Dynsy-obo (Ende IX.)	A	Deditius 1886
32.	Burchan-Budda-Gebirge (X.)	A	Coll. Zool. Inst. Leningrad
33.	Shang		fide Vaurie 1972
34.	Chyrma Schandi (am Egraj-gol; XII.)	A	Coll. Zool. Inst. Leningrad

LITERATUR

Ali 1946 — J. Bombay Nat. Hist. Soc. 46, 301.
Bianchi 1915 — Ann. Mus. Zool. St.-Pétersb. 20, 29.
Deditius 1886 — J. Orn. 34, 531; 532.
Hingston 1927 — J. Bombay Nat. Hist. Soc. 32, 324.
Ludlow 1928 — Ibis (12) 4, 66.
Ludlow u. Kinnear 1933 — Ibis (13) 3, 667.
Mandelli 1879 — Stray Feathers 8, 503.
Meinertzhagen 1927 — Ibis (12) 3, 389.
Schäfer 1938 — J. Orn. 86 (SH.), 316–317.
Schäfer u. Meyer de Schauensee 1939 — Proc. Acad. Sci. Philadelphia 90, 254.
Sillem 1934–35 — Org. Club Nederl. Vogelk. 7, 20.
Vaurie 1972 — Tibet and its Birds. London. 322.
Walton 1906 — Ibis (8), 6, 230–231.

Briefliche Auskunft über Exemplare der Coll. Zool. Inst. Leningrad erteilte Neufeldt (1978).

Montifringilla blanfordi Hume

Blanford-Schneefink

Verwandtschaft

Auf die verwandtschaftlichen Beziehungen wurde bei *Montifringilla ruficollis* Blanford eingegangen.

Gliederung und Verbreitung

3 Unterarten. Den größten Anteil des Verbreitungsgebietes (von ungefähr 78 °E einen Bogen über das Tibetische Plateau und Nord-Sikkim bis zum Burchan-Budda-Gebirge im mittleren Tsinghai beschreibend) nimmt die Nominatform, *Montifringilla blanfordi blanfordi* Hume, ein. Die oberseits grauere, weniger Rot aufweisende *M. blanfordi barbata* (Przewalski) schließt sich im Nordost-Tsinghai an die Nominatform an und geht, den südlichen Kuku-nor streifend, nach Nordwesten bis zum Nan-shan. Die blasseste der Unterarten, *M. blanfordi ventorum* (Stegmann), mit dem kleinsten Arealanteil („Tal der Winde", östliches Moskowski-Gebirge, Jaschil-Kul) wurde erst 1932 von Stegmann beschrieben.

Da die Art kein geschlossenes Areal bildet, verzichten wir auf die Markierung einer Grenze und geben Einzelpunkte, um die interessante inselartige Ausbreitung zu veranschaulichen.

Oekologie

Nur spärliche Angaben verschaffen einen gewissen Einblick in das Leben des offenbar seßhaften Schneefinken. Nach LUDLOWS (1928) Beobachtungen hielt er sich nämlich das ganze Jahr über in der Umgebung des Tang La-Passes auf, und selbst der kälteste Winter schien ihn nicht von dort zu vertreiben. Über Wanderungen liegen jedenfalls keine Angaben vor; demzufolge lebt *M. blanfordi* sommers wie winters in den höchsten alpinen Regionen, die nicht selten 4000—5000 m betragen. Die sich unter den rauhen klimatischen Bedingungen gebildete Vegetation, meist nur kümmerlicher Graswuchs auf Sand- oder Steinwüsten, spendet demnach soviel Nahrung in Form von Samen, so daß selbst größere Scharen von *blanfordi* zusammen mit *M. ruficollis* auch während der Wintermonate eine ausreichende Futterquelle fanden (WALTON 1906). Mitunter wagten sich die wenig scheuen Vögel bis in die Nähe menschlicher Siedlungen und bestellter Felder, wo sie sich zahlreich in Gesellschaft von Sperlingen futtersuchend aufhielten (HINGSTON 1927).

Wie sein naher Verwandter, *M. ruficollis*, lebt *blanfordi* in enger Gemeinschaft mit erdbewohnenden Kleinnagern, wobei es sich im SCHÄFERschen Beobachtungsgebiet um Wühlmäuse, in der Gegend des Manasarowar-Sees um Maushasen handelt (ALI 1945). Ihre Baue dienen ihm als Unterkunft, Zuflucht vor Feinden und hauptsächlich zum Nestbau. Über Beginn der Brutzeit, Ausmaß und Gestalt des Nestes sowie Anzahl der Eier sind wir nicht unterrichtet. HINGSTON (l. c.) erwähnt nur kurz ein am 7. Juli im Bau befindliches Nest bei Shehar, das die Altvögel emsig mit Federn und Haaren ausstaffierten. Ein weiteres Nest bei Tatzang vom 17. Juli, Jungvögel vom 20. Juli bei Phari, flugfähige Junge vom 16. Juni (SCHÄFER 1938) lassen auf eine Brutspanne zwischen Ende Mai und Ende Juli schließen.

Weder aus dem SCHÄFERschen noch aus den westlichen und südlichen Forschungsgebieten liegen Angaben über Zweitbruten vor. Allerdings könnten die Jungvögel der Lokalitäten P. 16 und 17, sowohl vom August und September, aus einer Zweitbrut stammen, vermutet NEUFELDT (brfl. 1978).

IX

1980

Emberiza jankowskii Taczanowski

bearbeitet von

I. A. NEUFELDT und K. WUNDERLICH

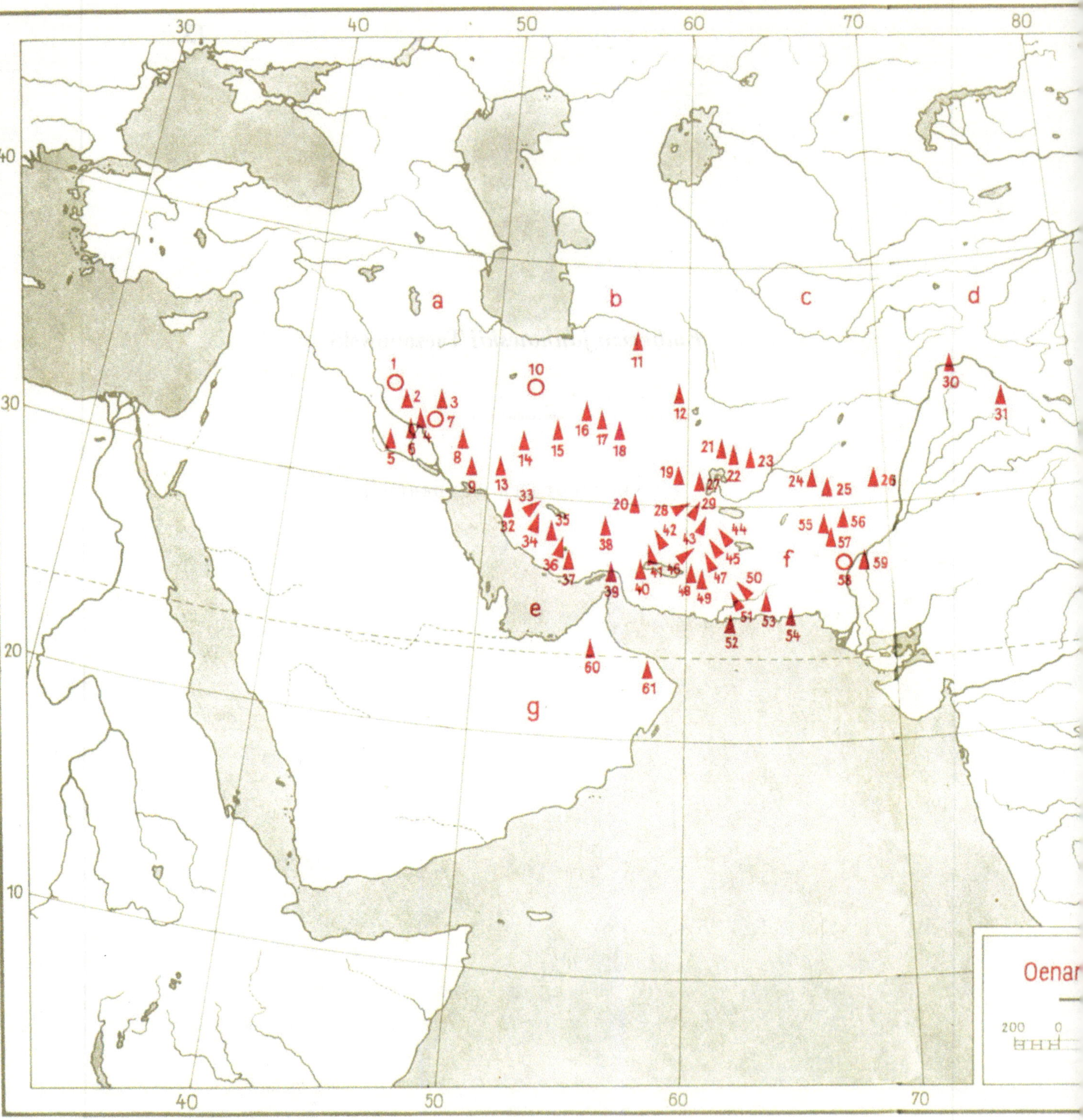
30
40
50
60
70
80
40
30
20
10
a
b
c
d
e
f
g
1
2
3
4
5
6
7
8
9
10
11
12
13
14
15
16
17
18
19
20
21
22
23
24
25
26
27
28
29
30
31
32
33
34
35
36
37
38
39
40
41
42
43
44
45
46
47
48
49
50
51
52
53
54
55
56
57
58
59
60
61
Oenar
200
0

FUNDORTLISTE

Nr.	Fundort		Quelle
a			
1.	Jebel Hemrin	NJc	Johnson 1958
2.	Fluß Abineft	AJ	Coll. Zool. Inst. Leningrad
—	Naft Khaneh (20. XII.)	A; Bs	Meinertzhagen 1924, Sage 1960
—	Saukna	Bs	Sage 1960
—	Kani-Masi	Bs	Sage 1960
3.	Qasr-i-Shirin (2.—4. I.)	A	Vaurie 1949
4.	Kunjam-Chen (16. X.)	A	Ticehurst et al. 1926
5.	Shahroban (22. XI.)	A	Ticehurst et al. 1922
6.	Kut	A	Moore u. Boswell 1956
7.	Pusht-i-ku	A	Moore u. Boswell 1956
8.	Kulmahak	Ac	Paludan 1938
9.	Djebel Tnüe	Ac	Sarudny u. Härms 1926
—	Alchorschir (11. I.)	Ac	Sarudny u. Härms 1926
—	Salmi (15. I.)	As	Sarudny u. Härms 1926
—	Quelle Tscheschme-Rogan (12.—13. I.)	Ac	Sarudny u. Härms 1926
b			
10.	Siach-Kuch (17. IX.)	As	Diesselhorst 1962
11.	E Bodjnoord ↓	Ns	Érard u. Etchécopar 1970
12.	N Assad-abad ↓	As	Érard u. Etchécopar 1970
13.	Dschandak (18.—20. XI.)	A	Sarudny u. Härms 1926
14.	Khaur (5. IX.)	A	Vaurie 1949
15.	Robat i Khan (2. IX.)	A	Vaurie 1949
16.	Umgebung Enarek (22.—27. XI.)	Ac	Sarudny u. Härms 1926
—	zw. Enarek u. Nain (27.—30. XI.)	Aa	Sarudny u. Härms 1926
17.	Isfahan (8.—25. XII.)	A	Sarudny u. Härms 1926
18.	Umgebung Dech-i-Dis (7. I.)	As	Sarudny u. Härms 1926
19.	Chaharfarsakh (15. I.)	A	Vaurie 1949
20.	Kerman	AJ	Blanford 1876
		N	Baker 1924
c			
21.	Zagin (6. XI.)	A	Sharpe (in: Aitchison 1889)
22.	Farah (8. XI.)	A	Vaurie 1949
23.	Dilaram (29. X.)	A	Vaurie 1949
24.	Kandahar ↓	AJc	Swinhoe 1882, John 1889, Whistler 1944, Vaurie 1949
—	Takhitipul (24. XI.)	A	Vaurie 1949
25.	Chaman	A	Ticehurst 1926
26.	Fort Sandeman	B	Ticehurst 1926
—	Lakabund		Ticehurst 1926
27.	Bendun (= Bendan)	AJc	Zarudnyi 1900, 1903
—	Gjuische (= Tschach-Gische)	AJc	Zarudnyj 1900, 1903
28.	zw. Nosrat-abad u. Tale-shar	AJ	Érard u. Etchécopar 1970
29.	Chormuk	AJc	Zarudnyj 1903
—	Tschach-i-Diwan	AJc	Zarudnyj 1903
—	Kuh-Malik-i-Sija	AJc	Zarudnyj 1903
—	Absch-Kuschta (= Gabsch-Kuschta)	AJc	Zarudnyj 1903
d			
30.	Gilgit	A	Biddulph 1881, Scully 1881
31.	zw. Wanla u. Hanupatta	A	Osmaston 1930
e			
32.	Tang-i-Galigau	A	Capito 1931
—	Mishun (21. I.)	A	Capito 1931
33.	Persepolis (1. III.)	A	Vaurie 1949
		AJ	Érard u. Etchécopar 1970

FUNDORTLISTE

Fundort		Quelle
1. Dujcynschan (30 km NW Charbin), 21. IV.	A	Musilek 1928
2. Echo (24. IV.)	A	Loukashkin 1934
3. Nowokiewsk (= Kraskino), Jantschiche-Niederung (= Cukanowka), 1927 ↓	BANc	Shulpin 1928; Coll. Zool. Inst. Leningrad; Tagebücher Shulpins im Zool. Inst. Leningrad
4. Krabbe-Halbinsel, 1966	Aa	Pugatschuk 1972
5. Talmi-See, 1926, 1947	BAc	Worobjew 1948; Coll. Zool. Inst. Leningrad
ebendort 1958	ANs	Spangenberg u. Leonowitsch (fide Litwinenko u. Schibajew 1966)
ebendort 1964	NJa	Litwinenko u. Schibajew 1966
– Sakpau-See, 1947	BAc	Worobjew 1948
ebendort 1965	NJa	Panov 1973
6. Tumen-Ula-Unterlauf (= Tumynczjan = Tumannaja), 1913, 1927	BAJc	Coll. Zool. Inst. Leningrad; Shulpin 1928
7. Tumynczjan (= Tumangan), NE-Grenze N-Koreas	Bc	Yamashina 1933 (fide Austin 1948)

Anmerkung

Zu P. 3: Etwa 100 km N wurde auf chinesischem Gebiet, von der Tonning-Region (= Dongning = Tungning) bei Butsuyakou, eine Brut-„Kolonie" bekannt. Yamagata 1942 (fide Yamashina 1957) entdeckte jeweils in der zweiten Maihälfte 1939–1941 Nester der Bartammer mit Gelegen und Jungvögeln.

LITERATUR

Austin 1948 — Bull. Mus. Comp. Zool. Harvard 101, 266.
Cheng 1976 — Distrib. List Chin. Birds (Rev. Ed.). Peking. 954–955.
Gore u. Won Pyong-Oh 1971 — Birds Korea. Seoul–Tokyo. 421.
Litwinenko u. Schibajew 1966 — J. Orn. 107, 346–351.
Loukashkin 1934 — Westn. Mantschshurii 9, 11.
Meise 1934 — Abh. Ber. Mus. Tierk. Völkerk. Dresden 18, 23.
Morrison 1948 — Ibis 90, 132.
Musilek 1928 — Orn. Mber. 36, 74–76.
Nazarenko 1963 — Ornitologija 6, 370.
Omelko 1963 — Soobschtsch. Dalnewost. Fil. Akad. nauk. SSSR 18, 120.
Omelko 1976 — Trudy Oksk. zapow 13, 218.
Panov 1973 — Birds South Ussuriland. Novosibirsk. 266–267.
Portenko 1960 — Pticy SSSR. 4. Moskau–Leningrad. 357–358.
Pugatschuk 1972 — Ornitologija 10, 381.
Shulpin 1928 — J. Orn. 76, 215–222.
Taczanowski 1888 — Ibis 6, 317–319.
Worobjew 1948 — Doklady Akad. nauk. SSSR 59, 1219–1220.
Worobjew 1954 — Pticy Ussurijsk. kraja. Moskwa. 336.
Yamashina 1930 — Tori 6, 258.
Yamashina 1933 — Nat. Hist. Japan. Birds 1. Tokyo. 193.
Yamashina 1957 — Journ. Fac. Sci. Hokkaido Univ. 13, 164–171.
Yamagata 1942 — Manshû no Yachô.

Emberiza jankowskii Taczanowski

Bartammer

Verwandtschaft

Monotypische Species, steht *E. cioides* Brandt am nächsten. Diese Auffassung wird von Autoren zeitgenössischer Listen und Kataloge einhellig vertreten. Nach Portenko (1960) ist Verwandtschaft mit der nearktischen *Spizella arborea* (Wilson) denkbar. Vom Habitus beider her ist diese Vermutung nicht abwegig. Zur Speziation vgl. Yamashina 1957.

Zur Verbreitung

Das kleine Areal umfaßt bekanntermaßen die unmittelbare Umgebung der Posjet-Bucht (äußerster Süden des Primorje), S Kraskino (weiland Nowokiewsk), ferner die Unterläufe von Tumannaja und Cukanowka, die Krabbe-Halbinsel, die Uferzonen der Seen Talmi und Sakpau und angrenzende Bereiche NE-Koreas (vorzugsweise am Tumynczjan = Tumannaja). Lt. Chengs (1976) Spezialkarte für China reicht es bis in die mandschurische Provinz Jilin (= Kirin).

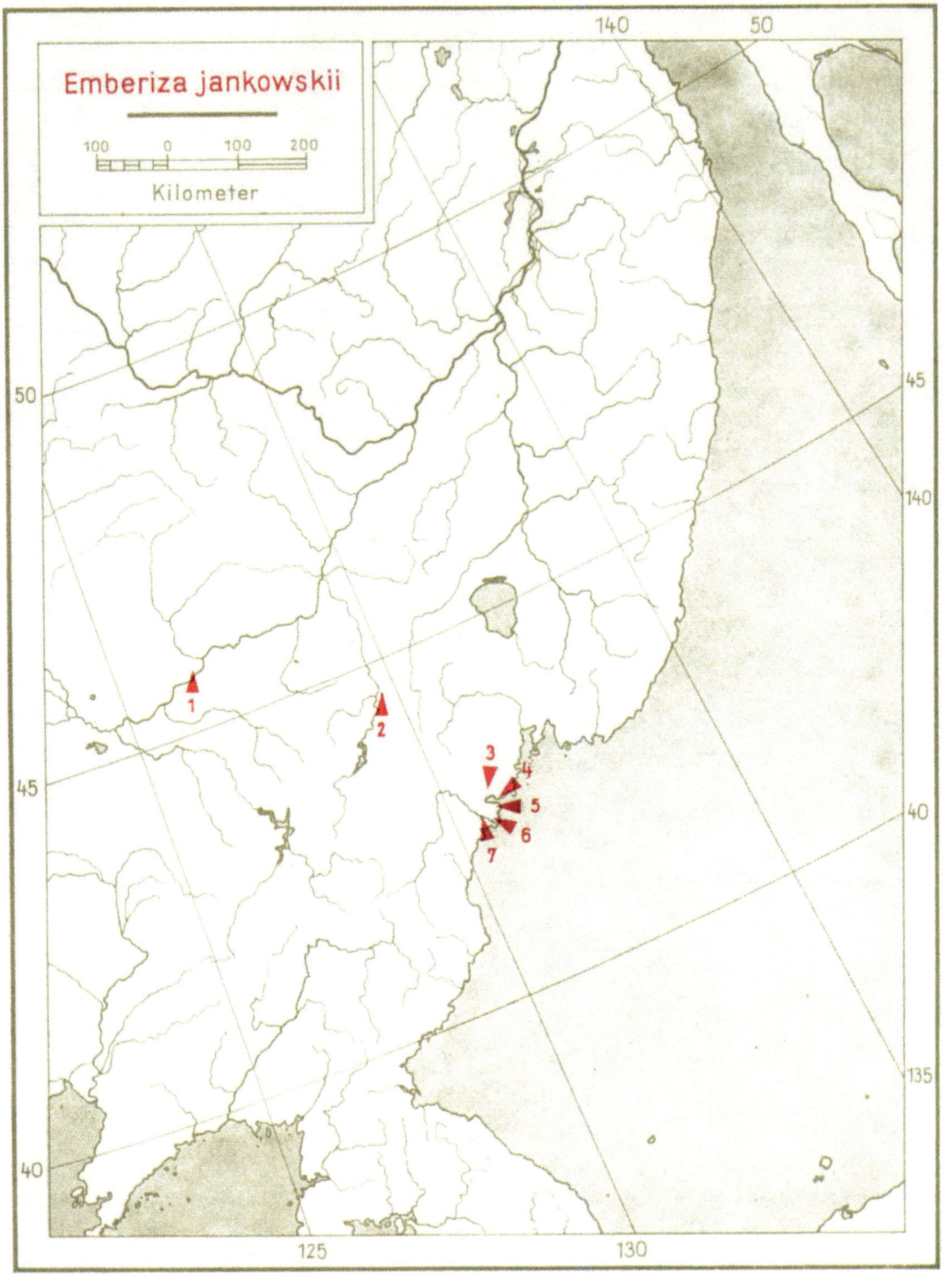
Emberiza jankowskii
100 0 100 200
Kilometer
140
50
45
140
40
135
125
130
1
2
3
4
5
6
7

Es ist nicht auszuschließen, daß wenige isolierte Brutvorkommen in der Mandschurei noch weiter westlich existieren; zumindest läßt CHENGS Karte diesen Schluß zu — 2 Fundorte bei etwa 123 °E, 45 °N. Stücke, die bei Dujcynschan (P. 1) und Echo (P. 2) gesammelt wurden, konnten sich zu diesem Zeitpunkt durchaus unweit von Brutplätzen befinden.

Die Stärke zumindest des auf sowjetischem Territorium lebenden Populationsteils reduziert sich fortwährend. Als TSCHERSKIJ 1913 und SHULPIN 1926 und 1927 die Bartammer im Raum Posjet-Bucht (von Kraskino bis Podgornaja) antrafen, war der Vogel gewöhnlich, und es konnte eine große Zahl gesammelt werden. 1947 fand ihn WOROBJEW um die Seen Talmi und Sakpau noch ganz regelmäßig und brachte ebenfalls eine Serie zusammen. SPANGENBERG und LEONOWITSCH indessen zählten 1958 in der gleichen Gegend lediglich 4 Brutpaare. LITWINENKO und SCHIBAJEW stellten die Ammer 1964 am Talmi-See nur in einigen Partien am Ostufer fest (15 Paare auf 80 ha). 1965 machte PANOV im Sakpau-Gebiet auf 3 km Distanz 7—8 singende ♂♂ aus. 1966 registrierte PUGATSCHUK auf der Krabbe-Halbinsel einmal 6, ein andermal 19 Ex.

Neuerdings ist die Spezies aus dem äußersten S-Primorje wahrscheinlich verschwunden.

Die rund 90 Jahre, die seit der Erstbeschreibung vergangen sind, reichten offenbar nicht hin, die Vorstellungen über die sehr beschränkte Verbreitung zu qualifizieren. Das kleine Areal und das chronische Schwinden der Kopfzahl darin bezeugen untrüglich, daß die Art ausstirbt.

Katastrophale Auswirkungen auf den Bartammernbestand haben traditionell großflächige Brände. SHULPIN schrieb bereits 1928 darüber: „Beständige Feuer, welche von den Einwohnern ... angezündet werden, beeinflussen sehr die Ansiedlung der Vögel; diese Feuer sollen das alte Gras verbrennen, damit neues Gras besser wachse ... Die im Herbst oder im frühen Frühling abgebrannte Gegend stellt an trockenen Stellen schon Ende Juni ein trauriges Bild dar. Die schwarze Erde ist von lichtem halbwüchsigem Gras bedeckt, die niedergebrannten kleinen Büsche sind zwar widerstandsfähig und von neuem Laub bekleidet, aber die Eichensträucher haben einiges Laub nur am unteren Teil ihres Stammes. — Die im Frühling eintreffenden Vögel finden an solchen Stellen das für sie notwendige Gras nicht und lassen sich nicht nieder. Mehr als einmal fand ich mitten in einem unabsehbaren Flächenraum eines gewesenen Steppenbrandes auf irgend welche Weise unbeschädigt gebliebene Strecken Landes, eine bis zwei Dessätinen (= 1,09—2,18 ha — K. W.) einnehmend, und dort traf ich immer zwei bis drei Paar dieser Ammern an. Gegen Ende des Herbstes wächst das Riedgras von neuem, und wenn die Gegend im Herbst oder im zeitigen Frühjahr nicht abbrennt, so wird sie von den Vögeln bewohnt werden." PUGATSCHUK (1972) unterstreicht, daß dieses Flämmen heute noch geübt wird.

Andererseits lassen sich diese Flächenfeuer nicht als ausschließlich bewirkende Ursache für registrierte ungleichmäßige Abundanz der Art heranziehen; fide SHULPIN (1928) wurden die Vögel zuweilen ohne sichtbare Gründe an ganz zusagenden Stellen nicht getroffen, „und in einem Kilometer Entfernung, unter ganz gleichen Bedingungen, findet man eine ganze Kolonie" (l. c.).

Spezialkarten der Verbreitung bei WOROBJEW 1954 (Sowjetunion), CHENG 1976 (China).

Oekologie

Die Bartammer ist Vogel der offenen Landschaft. Um die Seen Talmi und Sakpau und auch auf der Krabbe-Halbinsel brütet er an trockenen, sanft abfallenden Hängen mittelhoher Hügel oder dazwischen auf Talgründen mit Plateaucharakter, die von Gras und vereinzelten niedrigen Büschen bestanden sind. SHULPIN (1928) kam für den Raum Posjet-Golf zu dem Schluß, „daß die beliebtesten Aufenthaltsorte von *E. jankowskii* abschüssige Abhänge der kleinen oder die unteren Teile der großen Hügel sind. Hier wächst dichtes, kniehohes Gras ... auch sind diese Stellen von etwa 40 cm hohem Gesträuch dicht bedeckt. In solcher Pflanzenformation siedelt sich der Vogel an, auch wenn die Gegend mit lichtem, bis zu 3 Meter hohem Eichenwalde bedeckt ist. Besondere Vorliebe scheint er für Gegenden zu haben, in welchen auch einzelne Eichensträucher wachsen".

LITWINENKO und SCHIBAJEW (1966) sammelten im Mai und Juni 1964 ökologische Daten im NE- und E-Ufergebiet des Talmi-Sees. Die Ammer wurde nur an trockenen ebenen sandigen Plätzen unmittelbar am Ostufer beobachtet, „die sich beträchtlich von den umgebenden Niederungen und von den feuchten Hängen unterscheiden; es handelt sich um stark eingeebnete Dünen am ehemaligen Meeresufer. Die Pflanzendecke ist dort recht spärlich und besteht in der Hauptsache aus xerophilen Arten ... hie und da treten Sträucher ... auf, während Senken mit Rohr bewachsen sind. Die Gräser erreichen eine Höhe von 10—40 cm. Im Sommer 1965 wurden in diesem Gebiet Nester von *jankowskii* allerdings auch an den Berghängen gefunden ...

Die Ammern teilten sich die Sanddünen mit den dort brütenden Feldlerchen (*Alauda arvensis* L.). Die feuchteren Plätze besiedelten *Emberiza cioides* Brandt, *Pica pica* (L.) und *Cettia diphone* (Kittl.), die die mit Gesträuch und schütterem Eichenwald bestandenen Hänge der umliegenden Hügel besetzt hielten" (l. c.).

Jedenfalls bringt die Bindung der Art an solch eigentümliche Habitate ihre inselartige Zerstreuung innerhalb des umrissenen Areals zuwege. Sie lebt (vgl. „Zur Verbreitung") quasi in kleinen Ansiedlungen, kann anderswo fehlen, jedoch in zusagenden Verhältnissen von neuem auftreten.

Die Nester werden in flachen Bodenvertiefungen inmitten spärlicher Grasvegetation angelegt. Detaillierte Beschreibung u. a. durch LITWINENKO und SCHIBAJEW (1966) und PANOV (1973), siehe dort.

Mit dem Gelege beginnen die meisten Bartammern in der 2. Mai-Hälfte. Am 27. und 28. V. 1958 sammelte SPANGENBERG ♀♀, die unmittelbar vor dem Ablegen des letzten bzw. des erstes Eies standen. Von 10 Paaren, die LITWINENKO und

Schibajew am 20. VI. kontrollierten, hatten bei 7 flügge juv. die Nester bereits verlassen, ein anderes fütterte noch Junge im Nest, 2 Paare fingen erst an zu brüten. 1 kurzschwänziges flügges Ex. (leg. 25. VI. 1913 von Tscherskij) in Coll. Zool. Inst. Leningrad. — Einzelne Paare beginnen mit der Brut auffallend spät; möglicherweise hat dann *E. jankowskii* zwei Brutzyklen — womit Litwinenko und Schibajew (1966) rechnen. Für 1927 ermittelte Shulpin den Beginn der Legezeit für die 2. Dekade Juni; er vermutet nur 1 Brut (vgl. p. 221).

Vollgelege enthielten bis zu 5 Eier. Zu Eifärbung und -maßen machen Yamashina (1957), Litwinenko und Schibajew (1966) und Panov (1973) ausführliche Angaben. Zu Nahrungsstoffen siehe Litwinenko und Schibajew (p. 350/51).

Wanderungen

Vollführt im Winter teils nur wenig weite Wanderungen, ist lokal Standvogel.

Die nördlichste Brutpopulation im S-Primorje verbringt den Winter nicht dort (Nazarenko 1963, Litwinenko u. Schibajew 1966). Sehr wahrscheinlich wandert ein Teil südwärts über die Tumannaja (analog denen, die den Fluß entlang in Korea ansässig sind) und bleibt die kalte Jahreszeit in NE-Korea (in der Provinz Hamgyong Pukto wurden Ex. am 15. IX., 15., 16., 25. X. leg. — Yamashina 1930, nach Gore u. Won Pyong-Oh 1971 6 Ex. im X. in N-Korea). Späteste Bartammern im Brutgebiet (Posjet, Hansi) meldete Shulpin (Tagebücher im Zool. Inst. Leningrad) für (1926) den 11. IX. (Angabe 16. IX. neben dem Posten Hansi in Shulpin 1928, p. 222, beruht wohl auf einem Versehen).

Andere S-Primorje-Vögel schlagen im Herbst W- und NW-Richtung ein (Mandschurei), wo sie den Winter im Vorkommensgebiet der in diesem Bereich NE-Chinas eventuell ortssteten *E. jankowskii* verbringen: mittlerer Sungari (Raum Charbin: ♂♂ 1. XI. 1927 am Aschiche — Meise 1934 und 20.—22. II. bei Maoerschan — Meise 1934) und sein östlicher Zufluß Mudanjiang = Mudantzjan bzw. Mutan Ho (♀ 20. II. bei Echo — Meise 1934; 1 Ex. 10. X. bei Shalanzhen, N Chingpo Hu — Loukashkin 1934). Cheng (1976) vermerkt auf seiner Karte Vorkommen auch in der Liaoning-Provinz und weiter nach NW bis in den südlichen Großen Chingan (Innere Mongolei). Der frühjährliche Rückzug der russischen Brutvögel von dem Sungari-Quartier läuft wahrscheinlich über das Suifun-Tal ab (♂ 30. III. 1922, Ussurijsk = Woroschilow — Coll. Zool. Inst. Leningrad), dann zum Gestade der Amur-Bucht [auf De-Vries-Halbinsel einzelne am 20. III. 1959 (Omelko 1963) und 27. IV. 1966 (Omelko 1976); auf der Halbinsel Murawlew-Amur (Raum Wladiwostok) wenige kleine Trupps bei Sturmwetterlage zwischen 1. und 4. IV. 1947, die rasch wieder verschwanden (Omelko 1963), Wendung dann vom E-Rand der Bucht direkt nach SW — Sidimi, ♂ 9. III. 1886 (Taczanowski 1888), ♀ 15. IV. 1961 (Panov 1973)] und endet an den bekannten Brutplätzen — schon am 28. IV. 1 Ex. am Talmi-See (in Coll. Zoo. Inst. Leningrad, leg. Schulpin).

Morrison (1948) berichtete vom Erbeuten der Art (Irrgast ?) in N-Hopeh (W Peking) Winter 1940/41.

IX

1980

Certhia himalayana Vigors

bearbeitet von

L. A. PORTENKO und K. WUNDERLICH

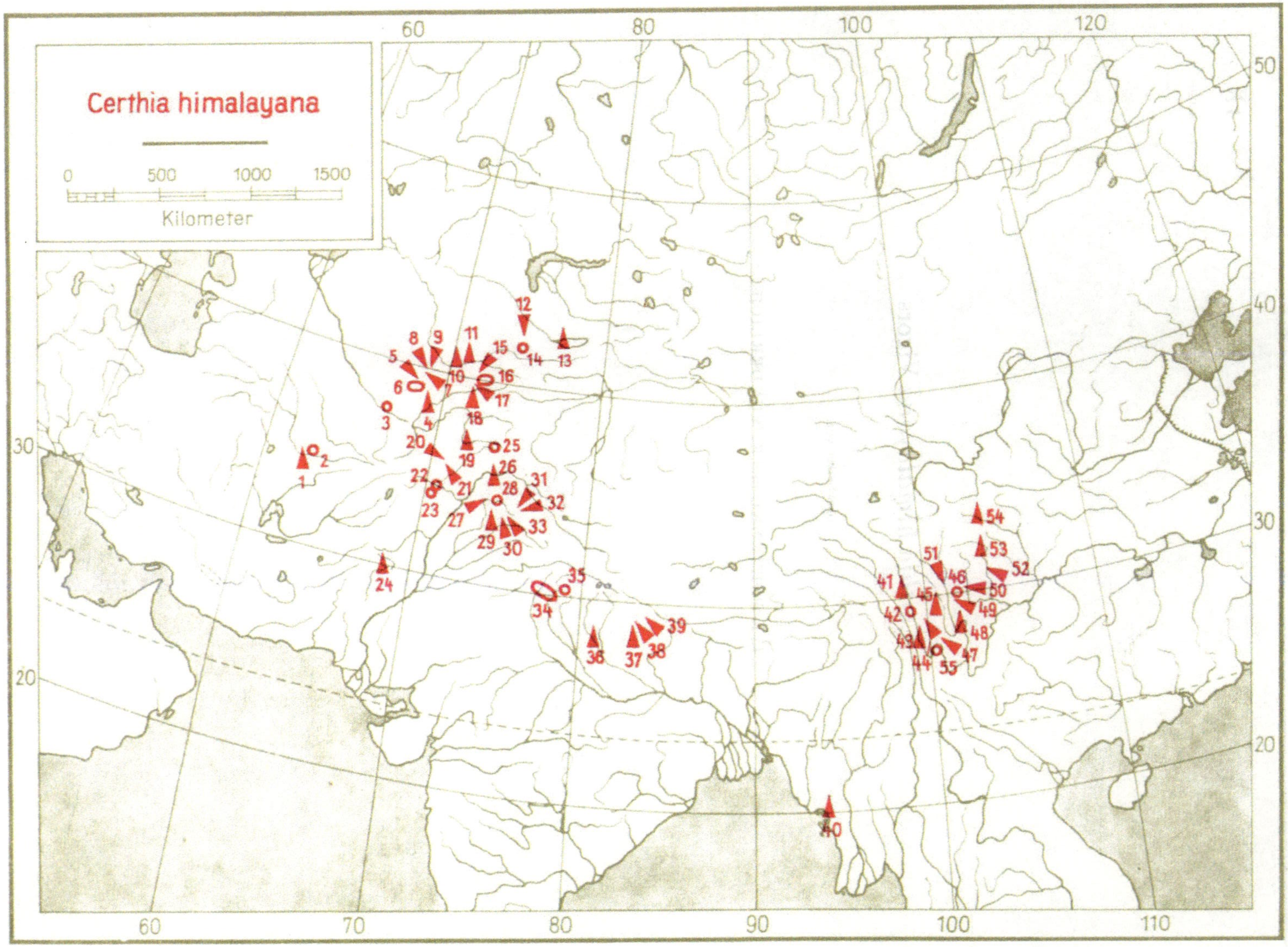
Certhia himalayana
0
500
1000
1500
Kilometer
60
80
100
120
70
90
110
50
40
30
20
1
2
3
4
5
6
7
8
9
10
11
12
13
14
15
16
17
18
19
20
21
22
23
24
25
26
27
28
29
30
31
32
33
34
35
36
37
38
39
40
41
42
43
44
45
46
47
48
49
50
51
52
53
54
55

breitungslücke geschieden ist, wie allgemein geglaubt wird" (l. c.). Die Funde von MARTENS (1972; P. 37–39) haben die Ostgrenze des „herkömmlichen" nepalischen Arealteils um wenigstens 300 km nach E verlegt. Allerdings betont er, daß selbst im Winter dieser Baumläufer östlich des Dhaulagiri noch nicht nachgewiesen worden sei. „Viele paläarktische Arten, deren Arealgrenzen dem Verlauf des Himalaya-Systems folgen, lassen sich 2 Gruppen zuordnen . . . 2. Arten, die als meist trocken adaptierte (Wald-)Gebirgsbewohner das Himalaya-System von Westen besiedelt haben und in seinem Verlauf ihre östliche Arealgrenze dort erreichen, wo ihnen zu hohe Monsun-Niederschläge keine adäquaten Biotope mehr bieten. Soweit es sich um Wald- oder zumindest gehölzbewohnende Arten handelt, finden sie ihre Ostgrenze in den Durchbruchstälern des Kali Gandaki und Marsyandi (W-Nepal . . .). Deren nördliche Teile sind vor dem Monsun geschützt, besitzen aber dennoch (Nadel-)Wald. Hierher" gehört *C. himalayana*. „Unter den Pflanzen sind *Cedrus deodara* und *Picea smithiana* zu nennen" (l. c.).

Immerhin liegt der Gedanke an Verbreitungsinseln, die eine Brücke zu schlagen vermöchten, nahe, zumal da beispielsweise in Sikkim und Bhutan geeignete Habitate in entsprechender Höhenlage (vgl. u. a. ALI 1962, p. XXV) durchaus gegeben sind. Insofern ist es nicht gänzlich zwingend, jene vorerst unerklärliche Lücke auf die zu große Menge von Steigungsniederschlägen allein zurückführen zu wollen. Ohne ein In-Betracht-Ziehen der (allerdings gerade hier schwierig zu beurteilenden) paläographischen Verhältnisse in diesem „Tummelfeld der Entwicklung" (WEIGOLD 1935) ist ein Nachzeichnen der Verbreitungsgeschichte der Species wohl kaum anstellbar. Jedenfalls bleibt weiteres Eruieren im Felde östlich 83 °E sehr erwünscht.

Die Peripherie des Vorkommens zum tibetischen Plateau hin ist unklar; es scheint, daß sich die Art lediglich in (mit hohen Montanwäldern versehenen) Durchbruchstälern gegen die himalayanische Hauptkette hin zu behaupten vermag.

Analoge Lebensräume eröffnen sich ihr in der osttibetischen Abdachung, deren paläarktische Montanwaldregion überwiegend durch *Abies* und *Picea* gekennzeichnet ist, gleichfalls Hochgebirgscharakter hat und in direktem Übergang in westlicher und nordwestlicher Richtung zur weniger artenreichen und in ihrer Zusammensetzung einfacheren und einheitlicheren tibetisch-paläarktischen Zone des Krummholzgürtels mit vielen Rhododendronarten führt (vgl. SCHÄFER 1938, p. 25/26). CHENGS (siehe Spezialkarte 1976) peripher östlicher Fundort (ca. 109° ö. L., 34° n. Br.) wird wohl einen der nicht seltenen „cold-weather visitors" (vgl. „Wanderungen") betreffen.

Was die vertikale Verbreitung angeht, so wurde *C. himalayana* brütend angetroffen bzw. zur Brutzeit beobachtet oder gesammelt im Pamiro-Alai-System (IWANOW 1969) zwischen 1800 und 3000 m, in Afghanistan (PALUDAN 1959, HÜE u. ETCHÉCOPAR 1970) zwischen 1600 und 3000 m, in Nuristan (Hindukusch-Ausläufer; LÖHRL u. THIELKE 1969) bei 2100 m, im Safed Koh (WHITEHEAD 1909) zwischen 2300 und 3000 m, im Duala Dhar (Pandschab; WHISTLER 1926) zwischen etwa 1800 und 3300 m, in Kaschmir (BATES u. LOWTHER 1952) von rd. 2200 m bis zur Baumgrenze, in Nepal (MARTENS 1972) bei 2950 m und 3650 m, Südost-Tibet (WEIGOLD 1922, SCHÄFER 1938) zwischen 2500 und 4500 m, in Burma (Mt. Victoria; STRESEMANN u. HEINRICH 1940) „. . . nur oberhalb 2500 m . . ., wo die Art in lichten Beständen der alten Kiefern lebt, denen sie aufwärts folgt, so weit sie reichen, annähernd also bis 3000 m" (l. c.).

Spezialkarten der Verbreitung bei HÜE und ETCHÉCOPAR 1970 (Afghanistan), ABDUSALYAMOV 1973 (Tadshikistan) und CHENG 1976 (China).

Oekologie

Die Habitatansprüche dieser stenöken Art sind vergleichsweise (W-E) überaus ähnlich und lassen sich eindrucksvoll belegen. DOLGUSCHIN et al. (1972) nennen baumförmigen Wacholderbestand als geeignet. IWANOW (1969 beschreibt Gleiches für den Alai: „Gebrütet wird vorzugsweise in Wacholdergehölzen, besonders dort, wo *Juniperus seravschanica* in steilen schattigen Schluchten wächst. Am Südhang der Hissar-Kette traf ich die Art auch in Ahornwäldern, denen nur wenige einzelne große Wacholder beigemischt waren." Auch PALUDAN (1959) sammelte seine Sauzak-Kotal-Vögel in *Juniperus*-Gehölz; bei Pashki registrierte er *C. himalayana* speziell in den höher gelegenen Partien des Nadelwalds (bestehend aus *Cedrus deodara, Picea morinda, Pinus wallichiana* u. *P. gerardiana*), meist an Stämmen, die auf Brandflächen überlebt hatten. Der Beobachtungsort LÖHRLS und THIELKES (1969; gleichfalls Nuristan) lag 2000 m hoch im Übergangsfeld von Steineiche (*Quercus ilex* var. *baloot*) und Himalaya-Zeder (*Cedrus deodara*): „An den Hängen um den Zeltplatz brüteten mehrere Paare. Die Siedlungsdichte in dem weitgehend unberührten Zederwald war um 2300 m am größten". BATES und LOWTHER vermerken für Kaschmir, daß der Vogel Mischwälder nicht meide, zahlreicher aber in dem darüberliegenden Koniferengürtel sei, wo er in größter Zahl zwischen 8000 und 9000 ft. brüte: „Wir fanden ihn gewöhnlich auf voller Länge des Kishenganga-Tals, auftretend gegen Ende April bei Pateka, wo die ‚chir pines' (*Pinus roxburghii* — K. W.) hauptsächlich bis zum Flußufer herunterwachsen." MARTENS (1972) begegnete *C. himalayana* (u. *C. discolor*) in Nepal „sowohl nördlich . . . als auch südlich der Hauptkette" in hochstämmigem, N-exponiertem und lichtarmem *Abies*- und *Pinus*-Wald, der auf steiler Blockhalde stand und an eine Bachaue grenzte (bei 2950 m). Das Habitat von *C. h. ripponi* als Bewohner der Gipfelregion des Mt. Victoria (Burma) kennzeichnet HEINRICH (STRESEMANN u. HEINRICH 1940) mit den Worten: „Der Kiefernwald besteht zum größten Teil aus ganz lichten Beständen alter, z. T. gewaltiger Bäume, deren Aeste, besonders oberhalb 2500 m, mit dicken Mooskissen bepackt und hier und dort sogar mit Epiphyten, insbesondere Orchideen, bewachsen sind. Zwischen diesen Wetterkiefern streben vereinzelt die jungen Bäume verschiedener Altersstufen empor. Nur selten findet man eine Partie etwa gleichaltriger Verjüngung, eine Art Kiefernstangenholz. — Der Boden des Kiefernwaldes ist

JANUSCHEWITSCH et al. 1960 — Pticy Kirgizii. 2. Frunze. 158.
KASCHKAROW 1927 — Izw. Sredne-Aziat. Kom. 2, 94.
KOELZ 1939 — Proc. U. S. Nat. Mus. 52, 65.
LÖHRL u. THIELKE 1969 — Bonner Zool. Beitr. 20, 96–97.
LUDLOW u. KINNEAR 1933 — Ibis 3 (13), 452.
MACDONALD u. HENDERSON 1977 — Ibis 119, 481, 483, 492–493.
MARTENS 1972 — Bonner Zool. Beitr. 23, 95–96, 110–111.
MEINERTZHAGEN 1920 — Ibis 2 (11), 148.
OSMASTON 1923 — J. Bombay Nat. Hist. Soc. 29, 495.
OSMASTON 1926–1927 — J. Bombay Nat. Hist. Soc. 31, 980.
OSMASTON 1930 — J. Bombay Nat. Hist. Soc. 34, 114.
PALUDAN 1959 — Vidensk. Medd. Dansk. nat. hist. Foren. 27, 28, 122, 253.
PLESKE 1888 — Mém. Acad. Sci. St.-Pétersbourg 36, 43.
POPOW 1959 — Pticy Gissaro-Karategina. Stalinabad. 82.
RILEY 1931 — Proc. U. S. Nat. Mus. 80, 32.
ROTHSCHILD 1923 — Novit. Zool. 30, 52.
SCHÄFER 1938 — J. Orn. 86 (Sonderh.), 25, 26, 34,284, 285.
SCHÄFER u. MEYER DE SCHAUENSEE 1939 — Proc. Acad. Nat. Sci. Philadelphia 90, 214.
SCHESTOPEROW 1937 — Opred. pozwon. shiwotn. Turkmen. SSR. 4. Pticy. Aschchabad–Baku. 223.
SCHEWTSCHENKO 1948 — Trudy Zapow. Aksu-Dshabagly 1, 50.
SCULLY 1881 — Stray Feathers 10, 103.
SHARPE 1891 — Sec. Yarkand Mission. Aves. London. 63.
SMYTHIES 1949 — Ibis 91, 638.
STEPANJAN 1978 — Sost. i raspred. Ptic Fauny SSSR. Passeriformes. Moskwa. 267–268.
STRESEMANN u. HEINRICH 1940 — Mitt. Zool. Mus. Berlin 24, 161, 164, 175, 178.
VAURIE 1957 — Amer. Mus. Novit. 1855, 13–14.
VAURIE 1959 — Birds palearct. Fauna. Passeriformes. London. 544–545.
VIGORS 1830–1831 — Proc. Zool. Soc. London 1, 174.
WEIGOLD 1922 — Abh. Ber. Zool. Anthr.-Ethn. Mus. Dresden 15, 8.
WEIGOLD 1935 — Jb. Geogr. Ges. Hannover 1934 u. 1935, 206.
WHISTLER 1916 — Ibis 4 (10), 48.
WHISTLER 1926 — Ibis 2 (12), 546.
WHISTLER 1930 — Ibis 6 (12), 82–83.
WHITEHEAD 1909 — Ibis 3 (9), 116.

Certhia himalayana Vigors

Himalaya-Baumläufer

Verwandtschaft und Gliederung

Es ist eine engere Verwandtschaft mit *C. familiaris* anzunehmen. Polytypische Art (vgl. VAURIE 1957 u. 1959). 4 Unterarten: 1. *Certhia himalayana taeniura* Severtzov (Gebirge des sowjetischen Mittelasiens bis Nord-Afghanistan, im Paropamisus und eventuell Hindukusch). 2. die Nominatform *C. h. himalayana* Vigors, ähnlich *taeniura*, jedoch dunkler (oben mehr bräunlich als gräulich, unterseits weniger weißlich) und mit kürzerem Schnabel—in Ost-Afghanistan südlich des Hindukusch, vom Raum Jalalabad nach Süden bis zum Safed Koh, die angrenzende North West Frontier Province südwärts bis Nord-Belutschistan, im gebirgigen Nordwest-Pandschab und den Himalaya-Vorketten, Gilgit und Hunza nach Osten bis (vgl. MARTENS 1972) etwa 83° östl. L. (Dhaulagiri-Gebiet). 3. *C. h. yunnanensis* Sharpe, der Nominatform ähnelnd, oberseits aber noch dunkler braun, unten rauchbräunlich, im Mittel etwas größer — in Nord-Jünnan und möglicherweise Nordost-Burma (ab ca. 98° östl. L.) nach Osten durch Sikang bis Nord-Setzschuan bzw. Süd-Kansu. — Anscheinend völlig isoliert 4. *C. h. ripponi* Kinnear in den Chin Hills (Nordwest-Burma).

Die farbliche Variation ist von W nach E deutlich ausgeprägt. Ein Klin zunehmender Pigmentsättigung verläuft von Turkestan und Nord-Afghanistan südostwärts; die Populationen von Gilgit, Kaschmir und die südlich davon vorkommenden (nach Ost-Afghanistan südlich des Hindukusch und der North West Frontier Province bis Belutschistan) sind intermediär, farblich der Nominatform näher und haben den gleichen kürzeren Schwanz. Die Nepal-Vögel sind am dunkelsten. Die chinesischen setzen den Klin fort, wobei die Populationen nur graduell von den westhimalayanischen differieren. Am Ostende des Areals (Ost-Sikang und Nord-Setzschuan) ist er insofern weniger auffällig, als Exemplare von dort etwas blasser, kürzerflügelig und -schnäbelig waren als Stücke aus dem nördlichen Jünnan. *C. h. ripponi* von den Chin Hills ist nur schwach brauner und geringfügig kleiner als *yunnanensis*.

Zur Verbreitung

Eine Grenzziehung wurde auf unserer Karte nicht versucht, da literarische Angaben aus jüngerer Vergangenheit nur spärlich verfügbar sind. Trotzdem wird augenfällig, daß zwischen 83° und 98° östl. L. (zwischen der westlichen *C. h. himalayana* und der östlichen *C. h. yunnanensis* also) eine erhebliche Verbreitungslücke klafft, was rund 1150 km Distanz ausmacht. Wie groß diese tatsächlich ist, kann augenblicklich nicht präzis angegeben werden; Beobachtungen der Species zwischen Nepal und Jünnan bzw. Sikang halten die Frage offen (vgl. VAURIE 1957). „Die Tatsache, daß die Charaktere einem Gefälle folgen, deutet an, daß *yunnanensis* vielleicht nicht von der Nominatform *himalayana* durch eine weite Ver-

FUNDORTLISTE

Nr.	Fundort		Quelle
1.	Sauzak Kotal (NE Herat)	A	Paludan 1959
2.	Paropamisus	B	Hüe u. Etchécopar 1970
3.	Kugitang-Gebirge	B	Schestoperow 1937, Abdusalyamov 1973
4.	Duschanbe	B	Iwanow 1969
5.	Schachristan-Paß (VIII.)	A	Popow 1959
6.	Hissar-Gebirge	AB	Carruthers 1910, Abdusalyamov 1973
7.	Iskander-Kulj	BJ	Pleske 1888, Abdusalyamov 1973
–	Kulikalon-Seen Guralas-saj	AB	Dal 1936, Abdusalyamov 1973
8.	Urjukle-Tau, Zaamin-NSG	AB	Iwanow 1940, Abdusalyamov 1973
9.	Vorberge Turkestan-Kette	B	Iwanow 1969, Abdusalyamov 1973
10.	Ablyk (I.)	A	Coll. Zool. Mus. Leningrad
11.	Aksu	A	Schewtschenko 1948
12.	Aksu-Oberlauf (Talass-Alatau)	B ?	Dolguschin et al. 1972
13.	Kleines Alma-Ata-Tal (28. IV.)	A	Dorsch 1975
14.	Karakuljdsha-Oberlauf-Karasu-Arkit	A	Kaschkarow 1927
15.	Tamascha	B	Januschewitsch et al. 1960
16.	Alai-Vorberge	B	Iwanow 1969
17.	Schachimardan	B	Iwanow 1969
18.	Gegend Pässe Karakazyk u. Akschura	B	Iwanow 1969
19.	Schugnan	A	Iwanow 1969
20.	Sensa (Nuristan)	B	Löhrl u. Thielke 1969
21.	Pashki	A	Paludan 1959
22.	Jalalabad-Region	B	Koelz 1939
23.	Safed Koh	B	Whitehead 1909
24.	Ziarat	A	Meinertzhagen 1920
25.	Hunza	B	Vaurie 1959
26.	Raum Gilgit-Astor	AB	Scully 1881, Ludlow u. Kinnear 1933
27.	bei Pateka (Ende IV.)	A	Bates u. Lowther 1952
28.	Kishenganga-Tal	A	Bates u. Lowther 1952
29.	bei Murree	B	Whistler 1930
–	Galis	B	Whistler 1930
–	Thandiami	B	Whistler 1930
–	Changligally (3. VII.)	A	Sharpe 1891
30.	Südseite Pir Panjal	A	Brooks 1875
–	Gulmarg (NE-Abdachung Pir Panjal)	B	Osmaston 1923, Gauntlett 1972
31.	bei Sonamarg	AN	Davidson 1898, Osmaston 1930
32.	Baltal (12. VIII.)	A	Sharpe 1891
33.	Daksum (VII./VIII.)	A	Macdonald u. Henderson 1977
34.	Simla-Almora-Distr.	B	Vigors 1830 u. 1831
35.	Garhwal	B	Vaurie 1957
–	Bairamghati bis Gangaotri	B	Brooks 1875
36.	Tikapur (Kailali-Distr.)	B	Vaurie 1957
37.	Dhorpatan (Uttar-Ganga-Ebene)	A	Martens 1972
38.	Ringmo (Phoksumdo-See)	A	Martens 1972
39.	Barbung Khola	B	Martens 1972
40.	Mt. Victoria (Pakokku-Chin Hills)	AB	Coll. Zool. Mus. Berlin; Smythies 1949
41.	Begü	B	Schäfer 1938
42.	Tung-la-Berge (= To-la)	A	Greenway jr. 1933
43.	Tao-mung-chung (SW Lu-tien = Li-tien)	A	Greenway jr. 1933
44.	Luddü Mts. (VIII.)	A	Riley 1931
–	Yetsi-Tal (N Kulu) (IV.)	A	Riley 1931
45.	Hokow (13. IX.)	A	Schäfer u. Meyer de Schauensee 1939
46.	Hsifan-Bergland	B	Schäfer 1938
–	Muli Mts.	A	Riley 1931
–	Mt. Mitzuga	A	Riley 1931
–	Mudju (zw. Chengtze u. Yulongshi)	A	Riley 1931
47.	Ku-lu (30. IV.)	A	Bangs u. Osgood 1932
48.	Wu-shi	A	Bangs u. Osgood 1932
49.	Sëurong (SW Tatsienlu)	A	Weigold 1922
50.	Paohing	B	Vaurie 1959
51.	Dawo	B	Schäfer 1938
52.	Kwanhsien (IV.)	A	Weigold 1922
53.	Sungpan	AJ	Weigold 1922; Coll. Zool. Inst. Leningrad
54.	Lotani-Wald (IX.–X.)	A	Berezowski u. Bianki 1891
55.	Lichiang Range (VIII.)	J	Rothschild 1923

LITERATUR

Abdusalyamov 1973 — Fauna Tadjik SSR 19, 2. Birds. Dushanbe. 118–121.

Bangs u. Osgood 1932 — Field Mus. Nat. Hist. Chicago 18, 369.

Basil-Edwards 1923 — J. Bombay Nat. Hist. Soc. 29, 557–559.

Bates u. Lowther 1952 — Breeding Birds Kashmir. London. 43–46.

Berezowski u. Bianki 1891 — Aves exped. Potanini Gan-su. St.-Petersb., 125.

Biddulph 1881 — Stray Feathers 9, 315.

Brooks 1875 — Stray Feathers 3, 233.

Carruthers 1910 — Ibis 4 (9), 452.

Cheng 1976 — Distrib. List Chinese Birds. Peking. 851–852.

Dal 1936 — Trudy Uzbek. Univ. 7, 122.

Davidson 1898 — Ibis 4 (7), 14.

Dolguschin et al. 1972 — Pticy Kazachstana. 4. Alma-Ata. 332–333.

Dorsch 1975 — Beitr. Vogelk. 21, 430.

Gauntlett 1972 — Journ. Bombay Nat. Hist. Soc. 69, 597.

Greenway jr. 1933 — Bull. Mus. comp. Zool. Harvard 74, 158.

Hüe u. Etchécopar 1970 — Oiseaux Proche et Moyen Orient. Paris. 559–560.

Ivanov 1940 — Oiseaux Tadjikistan. Moscou–Leningrad. 192–193.

Iwanow 1969 — Pticy Pamiro-Alaja. Leningrad. 230–231.

frei von jedem Unterwuchs und Gestrüpp und weist höchstens eine spärliche Bodenvegetation auf." — SCHÄFER (1938) betont für Südost-Tibet, daß dichter Alpennadelwald über der Dschungellinie dem Vogel am meisten zusage. Die „Art kommt in den Hochlagen des Hsifanberglandes und des südöstlichen Sikong (Kham) als Brutvogel vor, scheint aber nur an die schrofferen himalayanischen Gebirgssysteme gebunden zu sein und dringt nicht soweit nach Norden vor wie *C. familiaris* . . ." (l. c.).

Ausführliche Darstellung der Fortpflanzungsperiode findet sich bei BATES und LOWTHER (1952). BASIL-EDWARDS (1923) lieferte eine minutiöse Nestbeschreibung. Brutzeit April bis Juni. Ausgewählte Angaben: Bei 3 ♂♂ aus letzter Maiwoche Hoden maximal und Vesiculae seminales ebenfalls vergrößert (Afghanistan — PALUDAN 1959). Ein Nest in etwa 2100 m Höhe enthielt am 3. Juni ca. 14 Tage alte Junge, ein weiteres rd. 2300 m hoch am 9. Juni 3 6—7tägige juv. (Nuristan — LÖHRL u. THIELKE 1969). — Alle 4 gefundenen Nester waren hinter abstehender Rinde, tiefster Neststandort 2 m über dem Boden, höchster im oberen Drittel einer erwachsenen Zeder. Ein begonnenes Nest bestand aus ungef. 20 cm hoher Schicht frisch abgerissener *Cedrus*-Reiser, Holzstückchen und Bast. Nestmulde mit roten Federn von *Pericrocotus* spec. und Tierhaaren ausgekleidet. Laut IWANOW (1969) auf sowjetischem Gebiet Brutzeit 2. Maihälfte bis Juni. Voll befiederte juv. am 27. Juni gesammelt. Juv. vom 29. August hatten mit Herbstmauser noch nicht begonnen. Allerdings schoß ABDUSALJAMOW (1964) am 7. August im Turkestan-Gebirge 1 juv., dem eine erste Herbstfeder sproß. DAVIDSON (1898) für Kaschmir: Nester in letzter Maiwoche und erster Junihälfte mit 4 oder 5 Eiern. WHISTLER (1926) erwähnt Nestfund im Duala Dhar am 2. April in Eiche 20 ft. hoch und (1930), daß im Rawalpindi-Distrikt die meisten Eier im Mai registriert wurden (bei Brutzeit April—Juni). HEINRICH (STRESEMANN u. HEINRICH 1940) begegnete am Mt. Victoria ersten flüggen juv. Anfang Mai. Eierbeschreibung und -maße auch bei HÜE und ETCHÉCOPAR (1970).

LÖHRL und THIELKE (1969) verglichen *C. himalayana* spektrographisch mit *C. brachydactyla* und *C. familiaris* und fanden, daß die Elemente der *himalayana*-Strophe den kurzen Elementen der *familiaris*-Strophe im Aussehen ähneln. Für eine Homologisierung reichten die Gemeinsamkeiten jedoch nicht aus.

Wanderungen

Standvogel, der in wechselnder Zahl winters in die Vorberge herunterkommt und mitunter relativ weit in benachbarte Ebenen hineinwandert. Beispielsweise vermerkt CARRUTHERS (1910) winterliches Ausweichen in den kultivierten Raum um Samarkand. IWANOW (1969) traf *C. himalayana* bei Duschanbe zwischen 24. November und 4. März („. . . sie ziehen hier durch die Gärten der Kischlaks und die Stadtparks"). WHISTLER (1916) nennt ihn für den Jhelum-Distrikt gewöhnlichen Winterbesucher von Mitte Oktober bis Mitte März (erste am 11. 10., letzte am 25. 3.). Der gleiche Gewährsmann (1926) notierte für Kangra-Distrikt: Ein Teil bleibt auch im Winter zwischen 2000 und 2500 m, die meisten jedoch wandern abwärts, und von Oktober bis Ende Februar ist der Vogel in den Vorbergen unterhalb 1500 m eine alltägliche Erscheinung (erste Ex. 10. 9. 1921, 26. 9. 1922, 12. 9. 1923, wenige noch im März). Nach SCULLY (1881) und BIDDULPH (1881) im Raum Gilgit um 1600 m Höhe von der 3. Oktoberwoche bis Ende März gewöhnlich. OSMASTON (1926—1927): „Im Winter weichen sie ins Kashmir-Tal aus und viele gehen noch niedriger als die Randberge und sogar bis Rawalpindi und Peschawar." WEIGOLD (1922 — Setzschuan) registrierte Wintervögel zwischen 760 und 1400 m.

Die Art schließt sich nicht selten „mixed hunting-parties" von Meisen, Kleibern und Laubsängern an. WHISTLER (1930-Rawalpindi-Distr.) konstatierte dies ab Mitte Juli. MACDONALD und HENDERSON (1977) studierten solche „flocks" von Ende Juli bis in den späten August hauptsächlich bei Daksum (Kashmir), 2250 m hoch, und fanden wenige Himalaya-Baumläufer als „Folger", die von *Parus melanolophus*, *Phylloscopus occipitalis*, *Ph. proregulus* und *Ph. trochiloides* „geleitet" wurden, daran beteiligt.

34	Saadatabad (24 IX)	A	Vaurie 1949
35	Maharloo	AJ	Érard u Etchécopar 1970
36.	zw Sarvestan u. Fasa	A	Érard u Etchécopar 1970
37	Jahrum (21 III)	A	Vaurie 1949
38.	zw Ab-barik u. Lar	A	Érard u. Etchécopar 1970
39	Isin (17 XII)	A	Vaurie 1949
40	Shamss-abad	A	Érard u. Etchécopar 1970
41	Sabzevaran	A	Érard u. Etchécopar 1970
42	Cheshmaedozi (1 II)	A	Vaurie 1949

f

43.	Gebirge Kuh-i-Boz-ab	Ac	Zarudnyj 1903
–	Mian-bazar	Ac	Zarudnyj 1903
–	Mazel-ab	Ac	Zarudnyj 1903
–	Zahedan (3. XII.)		Berlioz 1957
44.	Ladis	AJc	Zarudnyj 1903
–	Paß Godar-i-Schur	AJc	Zarudnyj 1903
–	Dare-biabun	AJc	Zarudnyj 1903
–	Paß Tankinidam	AJc	Zarudnyj 1903
45.	Kuh-i-Tuftan	AJc	Zarudnyj 1903
–	Tamin	AJc	Zarudnyj 1903
–	Chazyk	AJc	Zarudnyj 1903
46.	Paß Godar-i-Gualgir	AJc	Zarudnyj 1903
–	Kuh-i-Rikeschöl	AJc	Zarudnyj 1903
47	zw Kash u Iranshahr	A	Érard u. Etchécopar 1970
48	Kaskin	AJc	Zarudnyj 1903
–	Flußbett Kjagur	AJc	Zarudnyj 1903
49	E Nikshahr	A	Érard u. Etchécopar 1970
50	Hong	B	Ticehurst 1926
51	Mand	B	Ticehurst 1926
52	Gwadar (XII)	A	Blanford 1876
–	Gurandani	A	Laubmann 1914
53.	Karotsch (6. IX)	A	Laubmann 1914
54.	Buri-Paß	A	Laubmann 1914
55.	Nushki	A	Christison 1941
56.	Bolan-Paß (III., 16. XI)	A	Ticehurst 1926
–	Kirta	A	Ticehurst 1926
57	Kelat (7 IX)	A	Laubmann 1914
58.	Kirtchar-Gebirgszug, Miágwan (15. III.)	A	Coll. Zool Inst. Leningrad
–	Nari Nai (9. I)	A	Seebohm 1881
–	Fluß Gaj (26. XII)	A	Seebohm 1881
–	La Ki	N	Ticehurst 1922
59	Sukkur	A	Vaurie 1949

g

60.	Bureimi (15. I)	A	Guichard u. Goodwin 1952
	(I)		Meyer de Schauensee u. Ripley 1953
61	Matrah (20. XII , 3 I)		Meyer de Schauensee u. Ripley 1953
–	Darset (20. XII.)		Meyer de Schauensee u. Ripley 1953

Anmerkungen

Zu P 11 u. 12

In diesen Lokalitäten, die bedeutend nördlicher als das Hauptareal liegen, fand man nur vereinzelte Exemplare und ein brütendes Paar im Mai 1967 Weitere Untersuchungen mögen feststellen, ob es sich dabei um verflogene Vögel handelt oder ob *Oe albonigег* regelmäßig in NE Iran brütet.

Zu P 24

Das Brüten in der Umgebung von Kandahar (John 1889) ist zweifelhaft (Whistler 1944).

LITERATUR

Aitchison (in Sharpe 1889) Transactions Linn. Soc. London. 2, Ser Zool., 5/3, 73
Baker 1924 Fauna Brit. India. London 2, 41.
Baker 1933 Nidification Birds Indian Empire. London. 2, 33 – 34
Berlioz 1957 Bull. Mus. Hist. Nat. Paris, 2. sér , 29/6, 455.
Biddulph 1881 Ibis (4) 5, 58.
Blanford 1870 Eastern Persia. London. 2, 153.
Capito 1931 J Bombay Nat. Hist. Soc. 28, 927
Christison 1941 Ibis (14) 1, 541
Diesselhorst 1962 Stuttgarter Beitr Naturk. 86, 16.
Érard u Etchécopar 1970 Mém. Mus. Hist. Nat. Paris (n. sér), A/66, 102.
Guichard u Goodwin 1952 Ibis 94, 299
John 1889 Ibis (6) 1, 163.
Johnson 1958 Iraq Nat. Hist. Mus. Publ. 16, 24.
Laubmann 1914 Abh. Bayer Akad. Wiss., Math.-phys. Kl. 26/9, 43.
Meinertzhagen 1924 Ibis (11) 6, 616.
Meyer de Schauensee u. Ripley 1953 Proc. Acad. Nat. Sci. Philadelphia 105, 87
Moore u. Boswell 1956 Iraq Nat. Hist. Mus. Publ. 10, 188.
Osmaston 1930 J Bombay Nat. Hist. Soc. 34, 121
Paludan 1938 J Orn. 86, 616.
Sage 1960 Ardea 48, 174.
Sarudny u. Härms 1926 J Orn. 74, 48 – 51
Scully 1881 Ibis (4) 5, 442 – 443.
Seebohm 1881 Catal Birds Brit. Mus. London. 5, 367.
Stepanjan 1967 Ornitologija 8, 123 – 132.
Swinhoe 1882 Ibis (4) 6, 106.
Ticehurst 1922 Ibis (11) 4, 632 – 633
Ticehurst 1926 J Bombay Nat. Hist. Soc. 31, 706
Ticehurst et al. 1922 J Bombay Nat. Hist. Soc. 28, 402.
Ticehurst et al. 1926 J Bombay Nat. Hist. Soc 31, 103.
Vaurie 1949 Amer Mus. Novit. 1425, 46 – 47
Whistler 1944 J Bombay Nat. Hist. Soc. 45, 62.
Zarudnyj 1900 Mém. Acad. Sci. St.-Pétersb. 8/10, 240.
Zarudnyj 1903 Oiseaux Perse orient. St.-Pétersb. 451 – 452.

Oenanthe alboniger Hume

Glanzkopfsteinschmätzer

Verwandtschaft und Gliederung

Fehlender Sexualdimorphismus in der Gefiederfärbung und die Ähnlichkeit von Jung- und Altvögeln in diesem Merkmal könnten auf eine gewisse Weiterentwicklung der Art deuten, die eine relativ isolierte Stellung innerhalb der Gattung einnimmt. Die Klärung der verwandtschaftlichen Beziehungen erfordert weitere Untersuchungen. Hervorgehoben seien nur einige Merkmale, die auf eine mögliche Nähe zu *Oenanthe picata* (Blyth) weisen: Die große Ähnlichkeit in der Gefiederfärbung zu den Männchen von *Oe. picata*, die gleiche Lage der Einbuchtung an der Handschwinge bei diesen Arten, aber auch die übereinstimmende Flügelformel der Elstersteinschmätzer und der Mehrzahl der Glanzkopfsteinschmätzer ($2 < 6$).

Die Art ist monotypisch.

Oekologie

Die Informationen über die Lebensweise der Art sind nicht zahlreich. Zweifellos gehört dieser Steinschmätzer zu den charakteristischsten Vertretern der Berg-Wüsten-Avifauna Vorderasiens (Stepanjan 1967). Davon zeugt das Gesamtareal dieser Art, das kaum die Grenzen der iranischen Vorgebirge überschreitet; auch das Brutgebiet liegt ausschließlich in gebirgigen Wüsten. Nach Beobachtungen Zarudnyjs (1903) siedelt dieser Steinschmätzer in den gleichen oder in wüstenhafteren Gegenden wie *Oe. picata*. Im Unterschied zu anderen Steinschmätzern der Berg-Wüsten-Gruppe (z. B. *Oe. finschii*, *Oe. xanthoprymna*) ist er enger an vertikal gegliederte Reliefformationen gebunden und meidet nicht senkrechte Felsen. Doch ist der Glanzkopfsteinschmätzer auch auf flachen steinigen Gebieten mit spärlichem Buschwerk (Érard u. Etchécopar 1970), wie auch nahe bewirtschafteter Gegenden und kleinen Ansiedlungen anzutreffen (Baker 1924, 1933).

Während der Brutzeit fand man *Oe. alboniger* in den unterschiedlichsten Höhenlagen, vom Fuß der Gebirge (Ticehurst 1922, Meinertzhagen 1954) bis 1800 m hoch (Baker 1924). Die obere Grenze der Brutverbreitung ist nicht genau bekannt; bis jetzt liegt nur der Sommerfund eines Weibchens vom Himalaya aus einer Höhe von offenbar über 2000 m vor. In den Gebirgen des südlichen Irans und Pakistans ist er die zahlreichste Steinschmätzerart. Üblich sind zwei Gelege pro Saison, das erste im März—April, das zweite im Mai. Die Nester sind in Spalten und Nischen zwischen Steinen, in senkrechten Hängen und Wänden lehmiger Bauten gefunden worden. Gleich anderen petrophilen Steinschmätzerarten baut das Weibchen gewöhnlich eine Stütze für die Vorderwand des Nestes aus flachen Steinchen, mit denen auch öfters der Zugang zum Nest ausgelegt ist. Die Anzahl dieser Steinchen kann beträchtlich sein; in einem Fall betrug das Gewicht 910 g (Baker 1924). Das oberflächliche, tassenförmige Nest besteht aus trockenen Gräsern mit untergemischter Wolle und Federn. Die Eier, 4—5 je Gelege, sind von sehr blasser himmelblauer Farbe, ohne merkliche oder mit vereinzelten rostroten Tüpfeln und Flecken, die mitunter um den stumpfen Pol einen Kranz bilden (Baker 1933, Meinertzhagen 1954).

In Süd-Iran flogen 1967 die Jungen in der dritten April-Dekade aus, während im Norden des Landes (Umgebung Bodshnurd) die Jungvögel noch am 28. 5. im Nest waren (Érard u. Etchécopar 1970).

Die Mauser beginnt bei einem Teil der erwachsenen Vögel anscheinend Ende der ersten Juni-Dekade, da Ende der zweiten Dekade Juni Exemplare erlegt wurden, bei denen nicht nur das Kleingefieder, sondern auch das Großgefieder intensiv mauserte; ein Männchen vom 16. Juli hatte die Mauser schon fast beendet (Zarudnyj 1900, 1903). Junge früherer Bruten mausern wahrscheinlich ab Ende Mai: Am 18. 5. erlegte Vögel beendeten gerade den Wechsel des Kleingefieders (Zarudnyj 1900); einige Exemplare der Zweitbrut mauserten jedoch bei weitem später und zwar von der zweiten Hälfte Juli bis Mitte August (Zarudnyj 1903).

Die sommerliche Grundnahrung besteht aus Insekten, darunter hauptsächlich große Heuschrecken. Im Herbst fand man in den Mägen auch (oder mitunter nur) Samen, besonders von Leguminosen. Kleine Wüstenrenner (*Eremias*) dienen wahrscheinlich diesen Steinschmätzern auch als Beute (Zarudnyj 1903).

Wanderungen

Nach Meinung der meisten Forscher handelt es sich um Standvögel, die aber außerhalb der Brutzeit über ihre Verbreitungsgrenze hinausstreifen können und Vertikalwanderungen vollführen.

45. Báhu Kalát (1. II.)	A	BLANFORD 1876
46. Fluß Dasht (Gwadar; 25. I)	A	BLANFORD 1876
47 Gwadar (2. I)	A	BLANFORD 1876
48. Ras Malán (27 XI)	A	BLANFORD 1876
49 Tschaman	Bs	BARNES 1881
50. Umgebung Quetta	A	MARSHALL 1902
51 Bolan-Fluß	B	TICEHURST 1926
52. Nurree Nai (26. I.)	A	HUME 1873
53. Sehwan (I.)	A	BAKER 1924
54. En Fukiah	J	MENDELSSOHN brfl. 1978
55. Nabq	A	MENDELSSOHN brfl. 1978
56. Wadı Rahaya (Ob. Wadi Jirafi)	A	MENDELSSOHN brfl. 1978
57. Djebel Hindis (Har Ora; 20 km N Elat)	A	MENDELSSOHN brfl. 1978
58. Wadi Chalil (Nahal Admon)	A	MENDELSSOHN brfl. 1978

Anmerkung

Zu P. 27.
Siehe Kapitel „Wanderungen"

LITERATUR

BAKER 1924	Fauna Brit. India. London. 2, 40.
BARNES 1881	Stray Feathers 9, 454
BATES 1937	Ibis (14) 1, 810.
BATES 1938	Ibis (14) 2, 454
BIANCHI u. ZARUDNYJ 1900	Ann Mus. Zool St.-Pétersb. 5, 187–189.
BLANFORD 1876	Eastern Persia. London 2, 151
BULMAN 1944	Ibis 86, 483–484
CHOLMLEY 1897	Ibis (7) 3, 199
DESFAYES u. PRAZ 1978	Bonn. Zool. Beitr 29, 35.
DRESSER 1873	Birds Europe London. 2, 239–241
ÉRARD u. ETCHÉCOPAR 1970	Mém. Mus. Nat. Hist. Nat Paris (n. sér.), A/66, 101
GALLAGHER u. ROGERS 1978	Bonn. Zool. Beitr 29, 12
GUICHARD u. GOODWIN 1952	Ibis 94, 304.
HARTLEY 1949	Ibis 91, 394; 409
HUME 1873	Stray Feathers 1, 133
KOENIG 1911	Verh V Orn.-Kongr Berlin 540
KOENIG 1924	J Orn. 72 (SH), 143–144.
LILFORD 1889	Ibis (6) 1, 316–317
MARCHANT 1941	Ibis (14) 5, 273 274
MARSHALL 1902	J Bombay Nat. Hist Soc 14, 606
MEINERTZHAGEN 1930	Nicoll's Birds Egypt. London. 1, 281
MEINERTZHAGEN 1954	Birds Arabia. Edinb. – London 254.
MEYER DE SCHAUENSEE u RIPLEY 1953	Proc. Acad Nat. Sci. Philadelphia 105, 87
NEHRKORN 1899	Katalog Eiersammlung Braunschweig 41
PHILLIPS 1915	Auk 32, 284.
RAW 1921	Ibis (11) 3, 259
SARUDNY (= ZARUDNYJ) u. HÄRMS 1926	J Orn. 74, 51–52.
SEEBOHM 1881	Cat. Birds Brit. Mus. London 5, 370
SCHÖNWETTER 1972	Handbuch Oologie Berlin 20, 391; 437
SHELLY 1871	Ibis (3) 1, 52–53.
SHELLY 1872	Handb Birds Egypt London 78.
TAYLOR 1867	Ibis 3 (n. s.), 59
TICEHURST 1926	J Bombay Nat Hist. Soc 31, 706
TICEHURST u CHEESMAN 1925	Ibıs (12) 1, 19.
TRISTRAM 1867	Ibis 3 (n. s.), 92
VAURIE 1949	Amer Mus. Novit. 1425, 46.
WYATT 1870	Ibis 6 (n s.) 12; 14
ZARUDNYJ 1903	Ois. Perse Orient. St Pétersb 33–35, 446; 456.
v ZEDLITZ 1911	J Orn. 59, 83.

Briefliche Auskunft erteilte MENDELSSOHN (Israel)

Oenanthe monacha (Temminck)

Mönchssteinschmätzer

Verwandtschaft und Gliederung

Die auffällige Größe, die Färbung des männlichen Gefieders, besonders aber die der Steuerfedern, die Flügelformel (2 viel > 6) und die Einkerbung der Handschwingen, sowie die allopatrischen Areale sprechen für eine mögliche Verwandtschaft mit *Oenanthe leucopyga* (Brehm).

Oekologie

Einer der am wenigsten untersuchten Vertreter der Gattung. Die Gesamtzahl der Art ist niedrig, überall selten und sporadisch verbreitet, nur im Südosten der iranischen Vorberge ist sie gewöhnlich. Der Mönchssteinschmätzer besiedelt die unfruchtbarsten wüstenhaften Gebiete der Ebenen und auch der Gebirge. Besonderheiten der Vertikalverbreitung sind wenig bekannt. Gewöhnlich findet man die Vögel in Höhen nicht über 1000 m; offensichtlich brütende Exemplare (30. 5. bis 7. 6.) aus der Umgebung von Zachedan (SE-Iran) stammten aus 1350 m Höhe (SARUDNY u. HARMS 1926, DESFAYES u. PRAZ 1978), jedoch kann die obere Grenze des Brutgebietes noch höher liegen.

Während der Brutzeit wurde *Oe. monacha* gewöhnlich in steinigen Gegenden mit dürftigem Graswuchs und nur selten eingestreuten verkümmerten Sträuchern gefunden. Einige Forscher betonen, die Art sei sowohl zur Brutzeit (DESFAYES u. PRAZ 1978) als auch im Winter (BLANFORD 1876) an Sandböden gebunden. Bevorzugt siedeln diese Steinschmätzer in Gegenden mit unterschiedlicher Bodengestaltung: Längs trockener Bachbetten mit steilen Ufern, auf Hügeln, in Gebirgsschluchten; sie meiden aber bebaute und mit dichtem Graswuchs versehene Gebiete.

Über den Nestbau sind wir recht spärlich informiert. Die einzige uns bekannte Beschreibung des Nestes stammt von TRISTRAM (DRESSER 1873), aber weder Zeit noch Fundort sind erwähnt. Das flache, lockere Nest mit 5 Eiern befand sich unter einem Mergelbrocken; Farbe zart himmelblau, mit roten, dicht am stumpfen Pol angeordneten Tüpfeln. Die Form der Eier ist länglich, die Durchschnittsmaße 23 × 16 mm. Besonders hervorgehoben sei, daß der Grundton bei weitem blasser ist als bei den allerhellsten Eiern von *Oenanthe oenanthe*. Dieser Beschreibung widerspricht die Angabe NEHRKORNS (1899): „Wie gefleckte Eier von *oenanthe*. 20,5 × 16 mm. Palestina.", aber auch jene SCHÖNWETTERS (1972): „. . . die meinen sind ungefleckt trüb grauweiß. Gestalt sehr bauchig (h = 1,21). 18,6 × 15,7 mm." Deshalb ist nicht auszuschließen, daß einige dieser Eier zu anderen Arten gehören.

Bei Jericho wurden am 28. Mai futtertragende Altvögel beobachtet, aber das Nest zu finden, gelang nicht (MEINERTZHAGEN 1954). Eine Nachricht über eine Brut gut fliegender Jungvögel stammt aus der Umgebung Kairos (RAW 1921).

Ein erwachsenes Männchen vom 26. 7. 1896 (Farra, SE-Iran) hatte die Mauser fast beendet (ZARUDNYJ 1903); ein junges Weibchen von Kuh-i-Tuftan (letzte August-Hälfte 1898), vielleicht vom Zweit- oder Nachgelege, wechselte nur ein Drittel des Kleingefieders, während ein anderes Exemplar von dort bereits am 10. 9. die Mauser beendet hatte (Coll. Zool. Inst. Leningrad). Jungvögel, von KOELZ vom 1.—3. 9. 1940 bei Robat-i-Chan gesammelt, mauserten ebenfalls intensiv oder hatten die Mauser beendet (VAURIE 1949).

Wie auch bei anderen Steinschmätzern besteht die Nahrung vorwiegend aus Insekten, die von der Erde aufgenommen werden; nur selten wird in der Luft gefangen (KOENIG 1924). Der Magen eines Weibchens von Zachedan (7. 6.) enthielt wenige Samen (DESFAYES u. PRAZ 1978).

Wanderungen

Wahrscheinlich seßhaft mit nur geringen Wanderungen außerhalb der Brutzeit.

Von zwei auf Zypern nachgewiesenen Exemplaren wurde ein erwachsenes Männchen erlegt (LILFORD 1889). Es dürfte sich in diesem Fall um verflogene Vögel handeln, da uns weitere Angaben von Zypern nicht bekannt sind. — Ein Fund von der Insel Bahrein (21. 3. 1921; TICEHURST u. CHEESMAN 1925) veranlaßte offenbar MEINERTZHAGEN (1954), diese Insel in das Areal der Art einzubeziehen, während neuere Feststellungen aber ergaben, daß Bahrein nur höchst selten zwischen Ende Dezember und März von Mönchssteinschmätzern aufgesucht wird (GALLAGHER u. ROGERS 1978).

IX

1980

Phoenicurus hodgsoni (Horsfield u. Moore)

bearbeitet von

E. v. VIETINGHOFF-SCHEEL

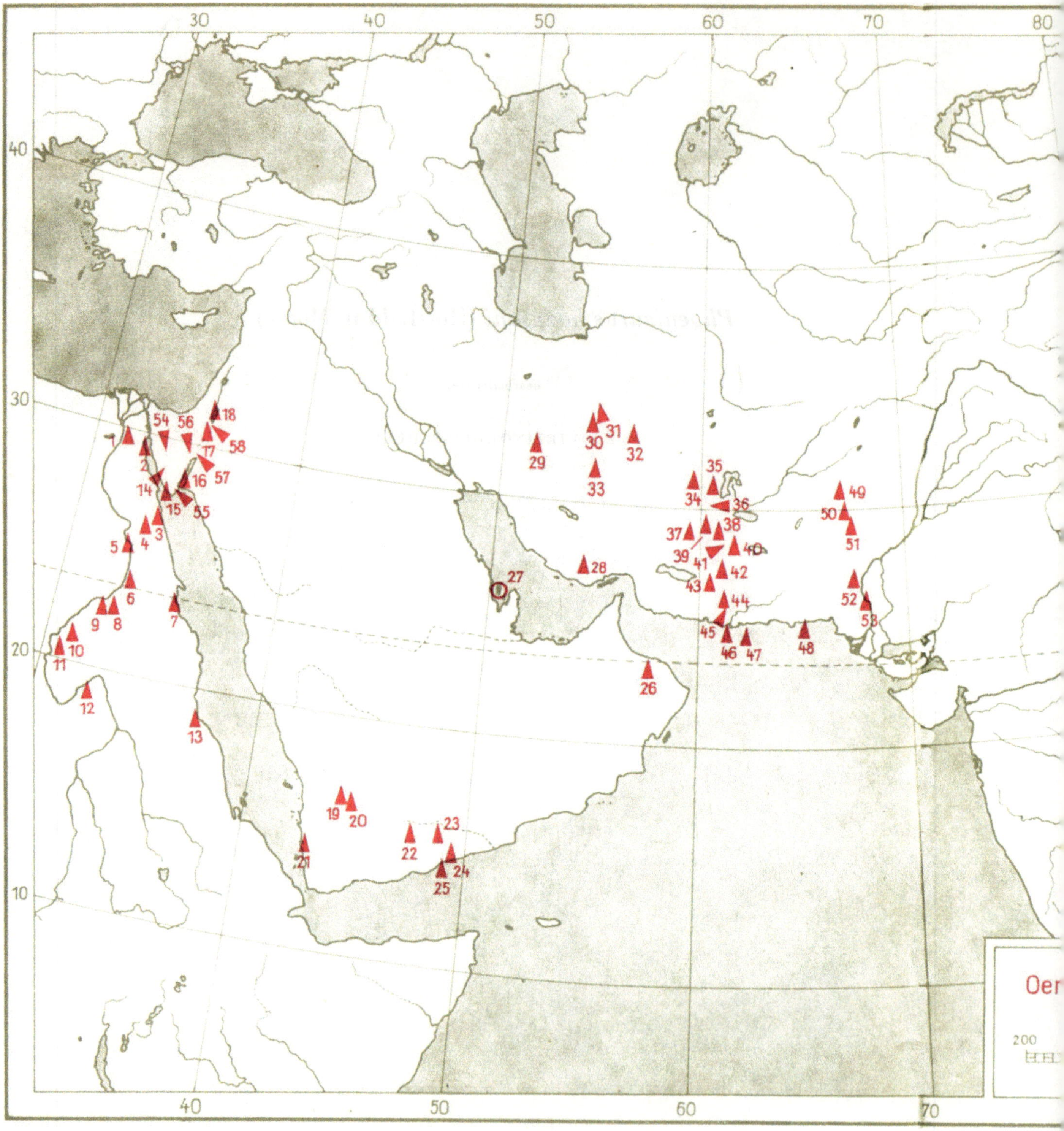
30
40
50
60
70
80
40
30
20
10
1
2
3
4
5
6
7
8
9
10
11
12
13
14
15
16
17
18
19
20
21
22
23
24
25
26
27
28
29
30
31
32
33
34
35
36
37
38
39
40
41
42
43
44
45
46
47
48
49
50
51
52
53
54
55
56
57
58
200

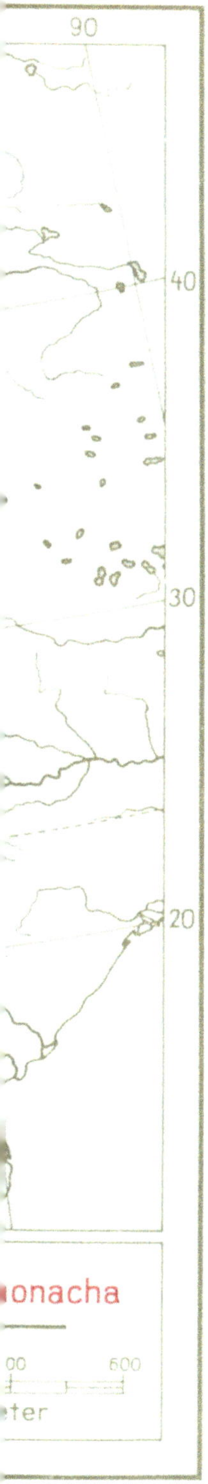

FUNDORTLISTE

Fundort		Quelle
1. Umgebung Kairo (I.)	A	Taylor 1867
— Helwan (= Heluan)	AJ	Hartley 1949
— Wadi Hof	AJ	Raw 1921, Koenig 1924
2. Suez (19. I.)	A	v. Zedlitz 1911
3. Hurghada (Winter)		Marchant 1941
4. zw. Quena u. Safaga (XI., XII.)	As	Bulman 1944
— zw. Quena u. Quseir	B	Meinertzhagen 1930
5. Luxor (XII.)	Ac	Raw 1921
	B	Meinertzhagen 1930, 1954
6. Asuan (21. II.)	A	Koenig 1924
	B	Meinertzhagen 1930, 1954
— Kalabshee (4. II.)	A	Dresser 1873
7. Berenice (I.)	A	Cholmley 1897
8. Wadi el Arab	A	Seebohm 1881
9. Tempelruinen von Amáda (8. II.)	A	Koenig 1924
10. Serkematto (3. I.)	A	Koenig 1911
11. Koyeka (2. II.)	A	Koenig 1911
12. El Kab (26. II.)	A	Shelly 1871, 1872
13. Suakin	B	Meinertzhagen 1930
14. Wady Feran	A	Phillips 1915
15. Tor (I.)	A	Wyatt 1870
16. Nuheibeh	A	Phillips 1915
(= Nuweiba)		Mendelssohn brfl. 1978
17. Jebel Usdum	B	Tristram 1867
— Sedom	A	Mendelssohn (brfl. 1978)
18. Jericho	BJ	Meinertzhagen 1930, 1954
19. Najran	A	Bates 1937
20. Wadi Khalb (X.)	A	Bates 1937
21. Hudaida (III.)	A	Bates 1937
22. Shabwa	A	Bates 1937, 1938; Guichard u. Goodwin 1952
23. Saiwun (I.–II.)	A	Bates 1938, Guichard u. Goodwin 1952
— Ayinat (I.–II.)	A	Bates 1938, Guichard u. Goodwin 1952
24. zw. Tarim u. Shihr (III.)	A	Bates 1938
25. Mukalla	B	Meinertzhagen 1954
26. Ruia (Oman; ungefähr nach Itinerar; 30. XII.)	A	Meyer de Schauensee u. Ripley 1953
27. Insel Bahrein (26. III.) ↓	A	Ticehurst u. Cheesman 1925
28. Lar (Winter)	A	Érard u. Etchécopar 1970
29. Dschulfa (13. XII.)	A	Sarudny u. Härms 1926
30. Surmand (22. XI.)	A	Sarudny u. Härms 1926
31. Dshandak (18.–20. XI.)	A	Sarudny u. Härms 1926
32. Robat i Khan	AJc	Vaurie 1949
33. Yezd (20. II.)	A	Vaurie 1949
34. Chaharfarsakh (9.–15. I.)	Ac	Vaurie 1949
35. Bendur (9. XII.)	A	Sarudny u. Härms 1926
36. Hurmuk	AJc	Sarudny u. Härms 1926
37. Kahurak (Winter)		Érard u. Etchécopar 1970
38. Dus-ab	A	Sarudny u. Härms 1926
39. zw. Nosrat-abad u. Taleshahr	A	Érard u. Etchécopar 1970
40. Ladis	J	Bianchi u. Zarudnyj 1900, Zarudnyj 1903
— Mirjaveh		Érard u. Etchécopar 1970
41. Kuh-i-Tuftan	AJc	Bianchi u. Zarudnyj 1900, Sarudny u. Härms 1926
42. 90 km S Khash	A	Érard u. Etchécopar 1970
43. Farra	A	Zarudnyj 1903
44. Nördliches Sarbas (1. III.)	A	Sarudny u. Härms 1926

FUNDORTLISTE

Nr.	Fundort		Quelle
1.	Shekar	A	Hingston 1927
2.	Khamba Jong	A	Walton 1906
3.	Gyantse	B	Walton 1906, Ludlow 1928, Maclaren 1948
4.	Chayul Dzong	A	Ludlow 1944
5.	Tao-mung-chung (SW Lutien)	A	Greenway 1933
—	Ndamucho (X.)		Riley 1931
6.	Likiang-Berge	A	Rothschild 1923
7.	Tatsienlu	A	Schäfer 1938, Oustalet 1893
—	Moupin (7. III.)	A	Coll. Zool. Inst. Leningrad
8.	Sungpan	A	Kleinschmidt 1923
—	Min-Tal	B	Kleinschmidt 1923
9.	Kungala-Berge	A	Berezowski u. Bianchi 1891
10.	Min-shan	A	Lönnberg 1924
11.	120 Meilen S Lanchow	A	Riley 1930
12.	Wej-janj-sjanj (2. IV.)	A	Coll. Zool. Inst. Leningrad
13.	SSE Lanchow	A	Riley 1930
14.	Tien-tang-tse	N	Coll. Zool. Inst. Leningrad
15.	Hu-dja-dschuang (Herbst u. 24. IV.)	A	Coll. Zool. Inst. Leningrad
16.	Fluß Soloma	A	Berezowski u. Bianchi 1891
17.	Ju-nan-tschen (Südhang d. Nanschan)	A	Pleske 1892
18.	Li-juan-inj	A	Berezowski u. Bianchi 1891
19.	Heitsuitse	A	Stresemann et al. 1937
20.	Gomi (= Kung-ho-ku-chi)	A	Pleske 1890
21.	Fluß Tschurmyn	A	Pleske 1890
—	Baga-gorgi (Ende April)		Deditius 1886, Pleske 1890
22.	„Revenny-Gebirge" (= „Rhabarber-Geb." = Ugutu-Ula)	A	Pleske 1890
23.	Dulan-Kit (= Dulanjschi)	Bc	Kozlow 1899
24.	Kurlyk-nor	Bc	Kozlow 1899
25.	N Yekundo (= Lager 76)	N	Schäfer 1938
—	Fluß Itschju	A	Bianchi 1907
26.	Lamda	A	Oustalet 1893
—	Mekong-Yangtse-Wasserscheide	A	Bianchi 1907
27.	Sang	J	Ludlow 1944
28.	Lhasa	Bc	Ludlow 1950
29.	Chaksam	J	Walton 1906
30.	Batang	A	Schäfer 1938
31.	Hokow	A	Schäfer 1938
32.	Dawo	A	Schäfer 1938
33.	Kanze	A	Schäfer 1938
34.	Lager 144	A	Schäfer 1938
35.	Radja	A	Bangs u. Peters 1928
36.	Choni (II., VI.)	A	Bangs u. Peters 1928
37.	Loja-schan	Aa	Stresemann et al. 1937
—	Gansu: zw. Sintschen u. Gulan	A	Coll. Zool. Inst. Leningrad
38.	Desen-laka	N	Stresemann et al. 1937
—	Dsiling	A	Stresemann et al. 1937
—	Lau-hu-kou	Aa	Stresemann et al. 1937

LITERATUR

Ali u. Ripley 1948 — J. Bombay Nat. Hist. Soc. 48, 22.
Bangs u. Peters 1928 — Bull. Mus. Comp. Zool. Harvard 68/7, 349.
Berezowski u. Bianchi 1891 — Aves Exped. Potanini Gan-su. St.-Pétersb. 92.
Bianchi 1907 — Aves Exped. Kozlowi Mongol., Tibet. orient. St.-Pétersb. 72.
Biswas 1961 — J. Bombay Nat. Hist. Soc. 58, 659.
Deditius 1886 — J. Orn. 34, 536.
Diesselhorst 1968 — Khumbu Himal. Innsbruck—München. 2, 299.
Greenway 1933 — Bull. Mus. Comp. Zool. Harvard 74/5, 125.
Hartert 1910 — Vögel paläarkt. Fauna. Berlin. 1, 721.
Hingston 1927 — J. Bombay Nat. Hist. Soc. 32, 322.
Hume 1888 — Stray Feathers 11, 195.
Kleinschmidt 1923 — Abh. Mus. Tierk., Völkerk. Dresden 16/2, 42.
Kozlow 1899 — Trudy eksped. Russ. geogr. ob. Zentr. Azii 1893—95. St.-Pétersb. 2, 282.
Lack 1958 — Ibis 100, 163.
Lönnberg 1924 — Ibis (11) 6, 316.
Ludlow 1928 — Ibis (12) 4, 60.
Ludlow 1944 — Ibis 86, 184.
Ludlow 1950 — Ibis 92, 38.
Ludlow u. Kinnear 1937 — Ibis (14) 1, 270.
Maclaren 1948 — Ibis 90, 202.
Meinertzhagen 1927 — Ibis (12) 3, 586.
Morrison 1948 — Ibis 90, 385.
Oustalet 1893 — Nouv. Arch. Mus. Hist. Nat. Paris (5) 4, 155.
Pleske 1889 — Aves Przewalskianae. St.-Pétersb. 2, 56.
Pleske 1892 — Mélang. Biol. Bull. Acad. Sci. St.-Pétersb. 13/2, 290.
Rand u. Flemming 1957 — Fieldiana: Zool. 41/1, 152.
Riley 1930 — Proc. Unit. States Nat. Mus. 77/15, 27.
Riley 1931 — Proc. Unit. States Nat. Mus. 80/7, 57.
Ripley 1961 — J. Bombay Nat. Hist. Soc. 58, 282.
Rothschild 1923 — Novit. Zool. 30, 254.
Schäfer 1938 — J. Orn. 86 (SH.), 227—229.
Scully 1879 — Stray Feathers 8, 302.
Smythies 1953 — Birds Burma. Edinb.—London. 109.
Stanford u. Ticehurst 1938 — Ibis (14) 2, 226.
Stevens 1914 — J. Bombay Nat. Hist. Soc. 23, 259.
Stevens 1924 — J. Bombay Nat. Hist. Soc. 30, 70.
Stresemann et al. 1937 — J. Orn. 85, 554—555.
Styan 1899 — Ibis (7) 5, 291.
Traylor 1967 — Fieldiana: Zool. 53/1, 41.
Walton 1906 — Ibis (8) 5, 78.

Briefliche Auskunft erteilte Neufeldt (Coll.-Exemplare Leningrad), außerdem standen unveröffentlichte Aufzeichnungen Schäfers über Tibet zur Verfügung.

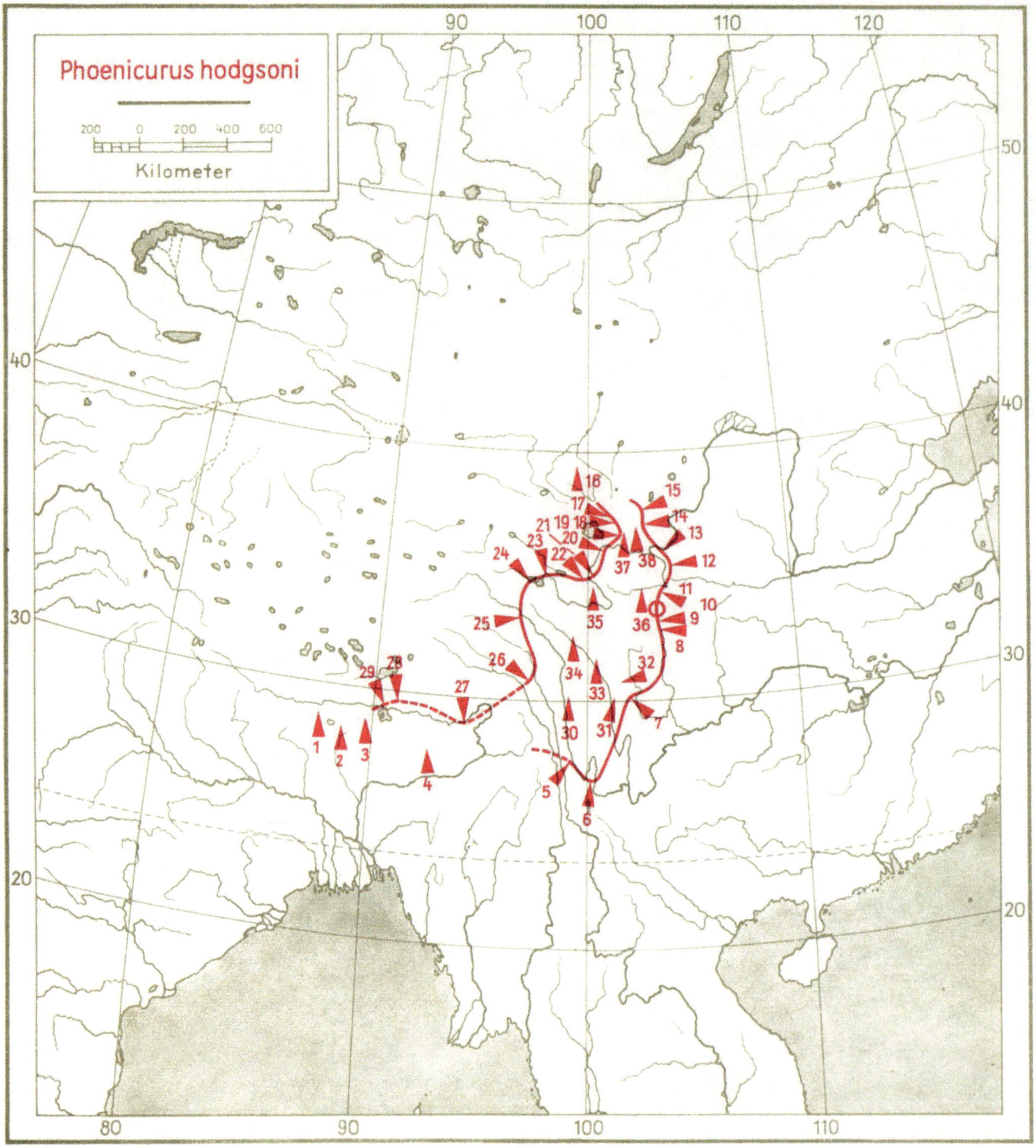

Phoenicurus hodgsoni
200 0 200 400 600
Kilometer
90
100
110
120
50
40
30
20
80
90
100
110
1
2
3
4
5
6
7
8
9
10
11
12
13
14
15
16
17
18
19
20
21
22
23
24
25
26
27
28
29
30
31
32
33
34
35
36
37
38

Vorbemerkung

Da sich, mit nur einer Ausnahme, *Phoenicurus moussieri* (Olphe—Galliard), die Verbreitungsgebiete der *Phoenicurus*-Arten teilweise weit im mittel- und ostasiatischen Raum hin erstrecken, sind wir mitunter gezwungen, Literaturangaben auszuwerten, die schon mehrere Jahrzehnte alt sind, aber in ihren anschaulichen, klaren Schilderungen der Lebensweise des jeweiligen Vogels völlig aktuell sind und kaum zu übertreffen wären. Wir werden deshalb hin und wieder Zitate in unseren Text einflechten, um dem Leser einen Einblick in die Originalliteratur zu verschaffen. Hauptsächlich werden wir dabei auf WEIGOLD (Abh. Mus. Tierk., Völkerk. Dresden), SCHÄFER (1938) und BEICK (STRESEMANN et al. 1937) zurückgreifen. Ausgezeichnete Angaben entnehmen wir auch den Tagebuchnotizen der russischen Forschungsreisenden PRZEWALSKI und KOZLOW (im Zoologischen Institut der Akademie der Wissenschaften der UdSSR in Leningrad), deren exakt festgehaltene Itinerare von unschätzbarem Wert sind.

Bedingt durch den Mangel neuester Literatur über gewisse Gebiete Tibets bzw. Chinas im weiteren Sinne, könnte es allerdings möglich sein, daß die von uns kartierten und dokumentierten Areale nur den Stand der Ausbreitung, wie er zur Zeit des betreffenden Autors herrschte, widerspiegeln. Darüber, ob sie sich nach dieser oder jener Richtung hin verschoben oder ausgedehnt haben, sei es, daß u. a. menschliche Eingriffe die Natur verändert haben oder Naturkatastrophen einen angestammten Lebensraum unbrauchbar gemacht haben, können wir dann nur spekulieren. Da aber gerade die „tibetischen" Rotschwänze eine äußerst enge Bindung an ihren Biotop zeigen, dürfte bei ihnen eine gravierende Arealveränderung kaum eingetreten sein. „Es gibt in unserem Forschungsgebiet kaum eine Vogelgattung, deren Vertreter zur Brutzeit in ihrer vertikalen und horizontalen Verbreitung so scharf voneinander geschieden sind, wie die Gattung *Phoenicurus*, die der echten Rotschwänze. Jede Art bevorzugt bestimmte Höhenlagen, ist an bestimmte geographische Breiten gebunden und stellt ihre gesonderten Lebensansprüche" (SCHÄFER 1938).

Nicht unerwähnt bleiben darf ein den Rotschwänzen typisches Gefiederstadium, das sogenannte „*cairi*"-Kleid. Nach HARTERT (1910) „. . . mausern die jungen Vögel im ersten Herbst teilweise (in vielen Gegenden größtenteils) in ein dem Weibchen ähnliches, meist nur durch bräunlichere Flügel zu unterscheidendes Kleid und brüten in diesem mindestens einmal. Solche Vögel wurden irrtümlicherweise als besondere Art unter dem Namen *Ruticilla cairii* beschrieben . . . "andere Individuen nehmen schon im 1. Herbste das „Alterskleid" an, sind aber an den viel breiteren und bräunlicheren Federsäumen kenntlich."

Phoenicurus hodgsoni (Horsfield u. Moore)

Feldrotschwanz

Verwandtschaft

Auf die verwandtschaftlichen Beziehungen innerhalb der Gattung soll später in einem besonderen Kapitel eingegangen werden.

Gliederung und Verbreitung

Monotypische Art mit einem verhältnismäßig geschlossenen Areal innerhalb der Längengrade von ungefähr 87 °E bis 104 °E, im Norden fast den 40.°, im Süden den 26. °N erreichend.

Oekologie

Der auffallend schön gefärbte Feldrotschwanz ist ein Bewohner der mittleren und hohen Gebirgslagen Tibets, wo er die unterschiedlichsten Landschaftsformen besiedeln kann. Hauptsächlich sind es trockene öde Hochländer oder gras- und strauchbedeckte Plateaus, aber auch nicht selten Felder, lichte Urwälder, Waldblößen und teilweise tief eingeschnittene Flußtäler. Bei Tatsienlu folgt er dem meridionalen Stromsystem in westlicher und nordwestlicher Richtung bis nahe dem Rand der reinen Steppenlandschaften und bevorzugt die flachen Wannentäler der Gerstenbauzone um 3500 m (SCHÄFER 1938). In der Gegend von Lamda (P. 26) traf OUSTALET (1893) sie dort an, wo Wald in Kulturlandschaft wechselte, wie das auch im Min-Tal der Fall sein dürfte, da WEIGOLD (KLEINSCHMIDT 1923) die Feldrotschwänze dort betrachtet hatte, wo mörtellos gebaute Steinhäuser der Tibeter zu finden waren, also Kulturlandschaft vorherrschte. In diesen Lokalitäten kamen die Vögel dann zur Brutzeit in 2600—3600 m Höhe ebenso häufig vor, wie in unseren Breiten der Hausrotschwanz.

Im allgemeinen kann festgestellt werden, daß die Feldrotschwänze auch lichte Haine aus Pappeln, wie am Tao-Fluß, oder aus Fichten, wie bei Choni (BANGS u. PETERS 1928) und solche am Oberlauf des Hoangho, wo sie ziemlich zahlreich in Gebüschen brüteten, bevorzugen (PLESKE 1889).

Im Richthofen- und im Süd-Tetung-Gebirge, wo er zusammen mit *Phoenicurus auroreus* (Pallas) und *Ph. schisticeps* (Gray) als Charaktervogel bezeichnet werden kann, ist *Ph. hodgsoni* ein Bewohner der Mischwaldgebiete in Höhen von

2400—3000 m (Rangchta-Schlucht; STRESEMANN 1937), nicht aber der kahlen Felspartien.

Zur Abrundung der Biotopbeschreibung sollen noch einige Höhenangaben von aufgeführten Sommerfundorten beitragen. Soweit bekannt, liegen sie zwischen 2400 m im Süd-Tetung-Gebirge (s. o.) und etwa 5000 m bei Gyantse (MACLAREN 1948). Der niedrigste Winterwert mit 350 m wird aus dem WEIGOLDschen Beobachtungsgebiet gemeldet und dürfte bei Kwan liegen (KLEINSCHMIDT l. c.).

In Sikkim bei Dikchu und Chungtang wurden Wintervögel ab 645 bis rund 1600 m festgestellt (MEINERTZHAGEN 1927), während in Yünnan auch Gebiete bis 4200 m Höhe von den Vögeln im Winter aufgesucht wurden (RILEY 1931).

Phoenicurus hodgsoni ist Zugvogel. Aus den Winterquartieren (s. unten) kommend, trifft er überwiegend ab der zweiten April-Dekade in den Brutgebieten ein, z. B. 10. 4. Yekundo (Männchen, Weibchen eine Woche später), 15. 4.—1. 5. im Süd-Tetung-Gebirge; bei Gyantse Ankunft allerdings schon in der letzten März-Woche (LUDLOW 1928). Die eigentliche Brutzeit fällt, berechnet nach vorliegenden Nestdaten, in die Monate Mai bis Juli. Die früheste bekannte Nachricht über ein futtertragendes Männchen stammt vom 29. 5. (SCHÄFER l. c.), die späteste vom Fund eines Nestes vom 27. 7. (STRESEMANN l. c.).

Da zur hinreichenden Schilderung des Nestes, wie dessen Anlage und Aufbau, wenig Material zur Verfügung steht, sei eine sehr interessante Beobachtung BEICKS (STRESEMANN l. c.) eingefügt, die nur für die Nester der *Phoenicurus*-Arten *schisticeps, frontalis, auroreus* zutrifft, nicht aber, wie er betont, für den Nichtbodenbrüter *hodgsoni*. BEICK fiel auf, daß jene Nester, die nicht mit dem Erdboden in Berührung kamen, sich also in Bauten, unter Dächern usw. befanden, mit vielen Federn ausgestattet waren. Nester aber, die mit der Erde in Verbindung oder Berührung standen, also in Hängen, Gruben, unter Wurzeln angelegt waren, keine Federn aufwiesen. BEICK vermutete in dieser Erscheinung einen Zusammenhang mit dem Vorhandensein gewisser Ektoparasiten, deren Vorkommen oder Vermehrung durch einen engen Kontakt mit dem Erdboden bedingt oder gefördert wird.

Ein Nest im BEICKschen Beobachtungsgebiet bestand nur aus Grashalmen und Stengeln und war in der Mulde mit feinen Federchen ausgelegt; es glich sehr einem Nest der Goldammer. Äußerer Durchmesser 105 mm bei 55 mm Höhe, innere Weite 63 mm, Tiefe 40 mm. Die Mehrzahl der von BEICK gesichteten Nester befand sich an oder unter den Dächern von Tibeter-Hütten, z. B. eins am 6. 6. mit vier schwach angebrüteten Eiern, ein anderes am 17. 7. in Bauten der Sifanse-Siedlung in Desen-laka. Aber auch unter einer Fichtenwurzel und in einem faulen Fichtenstubben wurden Nester gefunden; ebenfalls in Steinwänden, Uferhöhlen und unter Felsen von Hügelhängen wie bei Gyantse (LUDLOW 1928). Das Normalgelege besteht aus 4—5 Eiern, die blaß-blau, gewöhnlich grünlich-blau gefärbt sind, ungefleckt oder nur mit einigen schwachen Flecken versehen (LACK 1958). Angaben zur Mauser sind spärlich: Ein altes Männchen vom 26. 9. mit abgeschlossener Herbstmauser (Tebbuland; BANGS u. PETERS 1928); ein Männchen von Ende August stark mausernd (Wasserscheide zwischen Mekong und Hoangho; BIANCHI 1907); Exemplare vom letzten Oktoberdrittel stark vermausert (Godavari; DIESSELHORST 1968).

Wanderungen

Der herbstliche Zug in die Überwinterungsorte beginnt offenbar Anfang Oktober, denn bereits ab Mitte des Monats treffen mehr oder weniger umfangreiche Scharen Feldrotschwänze in ihren Winterquartieren ein. Ein streng abgrenzbares Gebiet ergibt sich aus ihren Lagen nicht; sie formen eher einen angedeuteten Bogen, der vom Westen über Ostrichtung nach Nord ziehend gleich einem Saum die Peripherie des Brutgebietes in unterschiedlichen Entfernungen umgibt: Nepal (SCULLY 1879, RAND u. FLEMMING 1957, DIESSELHORST 1968, BISWAS 1961); Sikkim (STEVENS 1924, MEINERTZHAGEN 1927); Assam (HUME 1888, Coll. Zool. Inst. Leningrad, STEVENS 1914); Nord-Burma (STANFORD u. TICEHURST 1938, SMYTHIES 1953, RIPLEY 1961); Mishmi Hills (ALI u. RIPLEY 1948); Bhutan (LUDLOW u. KINNEAR 1937); Yünnan (ROTHSCHILD 1921, RILEY 1931, GREENWAY 1933); Szechuan (TRAYLOR 1967); Chungking (MORRISON 1948); Tai-pei-shan (STYAN 1899).

IX

1980

Phoenicurus moussieri (Olphe-Galliard)

bearbeitet von

E. v. VIETINGHOFF-SCHEEL

FUNDORTLISTE

Nr.	Fundort		Quelle
1.	Abhänge des Djebel Guir	B	Heim de Balsac 1954
2.	Bou Izakarm (5. XI)	A	Meise 1959 Meinertzhagen 1940
3.	Aoullouz	Ac	Vernon 1973
4.	Telouet	A	Bierman 1959, Sage u. Meadows 1965
5.	Azilal	As	Lynes 1933
6.	Tizi n'Talrhemt	A	Bierman 1959
7	Djebel Mekter	N	Rothschild u. Hartert 1914
8.	Monts des Ksours	Bc	Blondel 1962
9.	Djebel Amour	Jc	Snow 1952
10.	Djebel Aurès	Ac	Snow 1952
11	Djebel Semama	N	Whitaker 1905
12.	Enfida	A	Koenig 1892
13.	Zaghuan	a	Koenig 1888
		N	Lombard 1965
14.	Djebel ben Oulid	Aa	Jarry 1969
15.	Cap Bone	B ?	Jarry 1969
16.	Carthago	A	Masarey 1929
–	Bou Kornein	A	Masarey 1929
17	Djebel Ichkeul (Ferryville)	N	Lombard 1965
18.	Rouknia (= Roknia)	B	Jourdain 1915
19.	Djebel Sidi Driss (Constantine)	Ac	Le Fur 1975
–	Bou S'Nib	Ac	Le Fur 1975
20.	Djurdjura: Tikjda	Ac	Le Fur 1975
21.	Massiv von Ouarsenis	N	Heim de Balsac 1926
22.	Bou Beker	Ac	Brosset 1961
23.	Massiv von Beni Snassene	Ba	Brosset 1956
24	Andjera: Djebel Moussa, Tleta Taghremt	Na	Pineau u. Giraud-Audine 1977
25.	bei Tanger	A	Reid 1885
26.	Ain Leuh	A	Bierman 1959
27	Marrakech	N	Heim de Balsac 1952
28.	Mogador (25. X.)	A	Bierman 1959 Meinertzhagen 1940
–	Ras el-Ain	A	Whitaker 1898
29.	Tamanar	A	Bierman 1959
30.	Agadir	A	Bierman 1959
–	Anziza	A	Bierman 1959
31	Abeino (N Goulimine)	B	Heim de Balsac 1954

LITERATUR

Bannerman 1927 — Ibis (12) 3, Suppl., 154.
Bierman 1959 — L'Oiseau 29, 227
Blondel 1962 — Alauda 30, 18.
Brosset 1956 — Alauda 24, 196.
Brosset 1961 — Trav. Inst. Sci. Chérifien, Sér Zool. 22, 70.
Dupuy 1966 — L'Oiseau 36, 260.
Etchécopar u. Hüe 1964 — Oiseaux Nord Afrique Paris. 440
Geyr v Schweppenburg 1918 — J Orn. 66, 169.
Heim de Balsac 1926 — Mém. Soc. Hist. Nat. Afr Nord 1, 77 – 78.
Heim de Balsac 1952 — Alauda 20, 233
Heim de Balsac 1954 — Alauda 22, 174.
Heim de Balsac u Mayaud 1962 — Oiseaux Nord-Ouest Afrique Paris. 298 – 300.
Jarry 1969 — L'Oiseau 39, 118.
Jourdain 1915 — Ibis (10) 3, 151
Koenig 1888 — J Orn. 36, 207.
Koenig 1895 — J Orn 43, 304 – 314
Koenig 1892 — J Orn. 40, 414.
Le Fur 1975 — Alauda 43, 319.
Lombard 1965 — Alauda 33, 220.
Lynes 1920 — Ibis (11) 2, 273.
Lynes 1933 — Mém. Soc. Sci. Nat. Maroc 36, 47
Masarey 1929 — Orn Beob. 26, 144
Meinertzhagen 1940 — Ibis (14) 4, 217
Meise 1959 — Abh. Verh. Nat. wiss. Ver Hamburg, N F 3, 96.
Meade-Waldo 1903 — Ibis (8) 3, 206.
Moltoni 1945 — Riv Ital. Orn 15, 61
Pineau u. Giraud-Audine 1977 — Alauda 45, 95
Reid 1885 — Ibis (3) 1, 81
Rothschild u. Hartert 1914 — Novit Zool 21, 199
Sage u. Meadows 1965 — Bull Soc. Sci Nat. Maroc 45, 227
Schoenenberger 1972 — Alauda 40, 23.
Serle 1943 — Ibis 85, 102.
Snow 1952 — Ibis 94, 494
Vernon 1973 — Alauda 41, 108.
Whitaker 1898 — Ibis (7) 4, 596.
Whitaker 1905 — Birds Tunesia. London. 1, 64

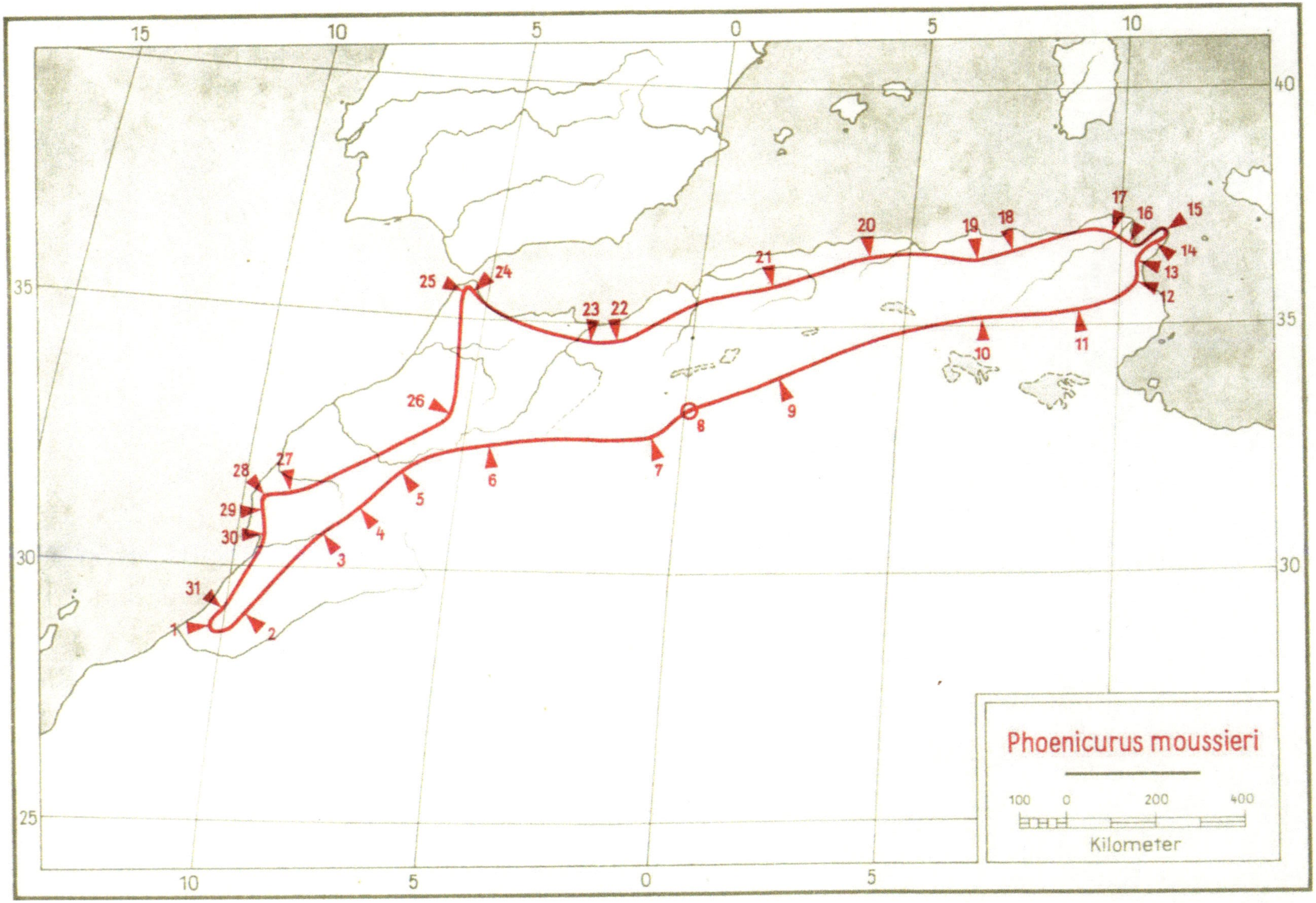

Phoenicurus moussieri
100 0 200 400
Kilometer
15
10
5
0
5
10
40
35
30
25
1
2
3
4
5
6
7
8
9
10
11
12
13
14
15
16
17
18
19
20
21
22
23
24
25
26
27
28
29
30
31

Phoenicurus moussieri (Olphe-Galliard)

Diademrotschwanz

Zur Verwandtschaft siehe die Anmerkung bei *Phoenicurus hodgsoni.*

Gliederung und Verbreitung

Zu den wenigen endemischen Vertretern der nordafrikanischen Ornis ist der monotypische *Phoenicurus moussieri* (Olphe-Galliard) zu zählen. Seine gleichmäßige Verbreitung läßt es ohne weiteres zu, ein umgrenztes Gebiet festzulegen, das sich in breiter Front über das küstennahe Marokko mit dem Hohen Atlas und dem Sahara-Atlas, im Süden den Djebel Mekter und den Djebel Amour, im Norden auch das Gebiet von Tanger streifend, bis an die algerische Küste im Osten erstreckt.

Oekologie

Nordafrika mit seinen unterschiedlichen Landschaftsformen bietet dem Diademrotschwanz ideale Lebensmöglichkeiten. In seinem Verbreitungsgebiet wechseln Hochgebirge mit Ebenen, wüstenhafte Landstriche mit Küstenzonen, Waldgebiete mit Kulturlandschaften ab. Höhenlagen von 900 m (Nord-Tunesien; Koenig 1888) bis 3000 m (Haut-Atlas; Etchécopar u. Hüe 1964) bedeuten ihm kein Ausbreitungshindernis, obwohl die damit verbundenen Temperaturunterschiede bemerkenswert sein können. Im Mittel-Atlas, wo er nicht selten vorkommt, ist der Diademrotschwanz auf den felsigen Geröllhalden, die mit *Thuja* oder *Juniperus*, im Anti-Atlas aber an Abhängen, die von Palmen und Akazien bestanden sind, anzutreffen. Im Sous sind es Landstriche mit buschigem Unterwuchs, der nach Süden hin von *Ziziphus*-Beständen abgelöst wird (Vernon 1973). In der Umgebung von Azrou konnte Lynes (1920) verschiedene Exemplare in den sogenannten „Barrens" nachweisen. Nach seiner Beschreibung handelt es sich dabei um offene Flächen aus vulkanisch-kalkigem Gestein, die dicht mit Gras und Krautwerk und reichlichen Weißdornbüschen, auf den felsigen Bergrücken mit Zederngruppen, bewachsen sind.

Meinertzhagen (1940), der während der Herbstperiode in Zentralmarokko beobachtete, vermittelte seine Eindrücke über den Diademrotschwanz etwa folgendermaßen: „Den entzückenden kleinen Rotschwanz findet man irgendwo, hoch oben auf den felsigen Hängen und oft auf Talsohlen, späterhin auch in der Wüste". Die auf dieser Expedition besuchte Ortschaft Taddert (ungefähr 2400 m hoch gelegen) bot ab Oktober mit reichlichem Insektenleben in Walnuß-, Oliven-, Weiden- und Oleanderbeständen die günstigsten Voraussetzungen für den herbstlichen Aufenthalt der Vögel. Interessant erscheint auch die Mitteilung Meises (1959) über einen etwas ausgefallenen Fund von *moussieri*, nämlich an einer niedrigen Lehmmauer innerhalb von Bou Izarkarn (P. 2 der Karte). Im Zentrum des Verbreitungsgebietes, vom Djebel Amour mit immergrünen Eichen bis zum Djebel Aurès mit Zedern, Aleppo-Kiefern und ebenfalls immergrünen Eichen bestanden, sind die Diademrotschwänze in ziemlich reicher Anzahl in den trockenen, steinigen, mit Buschwerk überzogenen Berghängen zu finden (Snow 1952). Ähnliche Beobachtungen stellte Whitaker (1905) für die im tunesischen Raum liegenden Lokalitäten fest. In der Regel handelte es sich hier um buschbestandene Hänge und unkultiviertes Land von macchienartigem Typ, das als Charakterpflanzen Wacholder, Rosmarin, Lavendel und *Thuja*, mitunter aber auch Wälder aus Aleppo-Kiefern aufwies. Die Vögel waren jedenfalls hier in den unterschiedlichsten Höhenlagen zu finden, überstiegen aber nie die Vegetationsgrenze. Ähnlichen Charakter zeigt die Landschaft der Provinz Constantine (P. 19 u. 20) an der Nordgrenze der Verbreitung, wo niedrige bis mittlere Gebirgszüge mit verstreutem Buschwerk dominieren (Le Fur 1975). Für die nicht besonders hervorgehobenen Regionen des Areals treffen mit nur geringfügigen Abweichungen die gleichen Biotopverhältnisse zu (Koenig 1895: Algerien; Meade-Waldo 1903: Großer Atlas; Sage u. Meadows 1965: Hoher Atlas; Schoenenberger 1972: Constantine).

Phoenicurus moussieri ist ein typischer Insektenfresser. Seine Nahrung besteht aus kleinen Ameisen, Käfern, Grashüpfern und Larven der unterschiedlichsten Insekten (Meinertzhagen 1940), großen Fliegen (Sage u. Meadows l. c.), großzangigen Ameisen (Koenig 1888).

Große Gelegeserien lassen eine ziemlich exakte Bestimmung der Brutzeit zu. Sie erstreckt sich über wenig mehr als zwei Monate, und zwar von der ersten Dekade April bis Mitte Juni. Die frühesten uns bekannten Jungvögel vom 19. 4. stammen aus Agadir (Meise 1959); aus diesem Datum ist zu schließen, daß die Eiablage bereits Ende März erfolgt sein mußte. Zwei frische Gelege aus Debdou vom 1. Juni bilden einen Extremfall, und Heim de Balsac u. Mayaud (1962) vermuten, in Hochgebirgsgegenden wäre die Möglichkeit von Zweitbruten nicht auszuschließen. — Das Nest wird überwiegend auf dem Erdboden gebaut; es liegt versteckt unter Gebüsch, kleinen Stauden, nicht selten auch inmitten eines Strauchgrundes oder in einem Busch wie z. B. in *Genista tridens*, *Pistacia lentiscus*, *Rhamnus lycoides* (Pineau u. Giraud-Audine 1977), im Schutz von Halfagrasbüscheln oder Rosmarinsträuchern (Koenig 1895: Algerien), auch in Wacholderbäumchen direkt am oder knapp über dem Boden. Rothschild u. Hartert (1914) fanden ein Nest, das, abweichend von den sonstigen Gepflogenheiten, unter einem großen, leicht überhängenden Felsblock in fast 2 m Höhe gebaut war, und Jourdain (1915) entdeckte eines, das von den Vögeln nahe einem Araberhaus an der Matte eines Bienenkorbes gefertigt worden war.

In der Regel enthält ein Gelege 4 Eier, deren Farbton variiert in bläulich oder weiß. Interessant ist die Tatsache, daß niemals gemischtfarbige Gelege hervorgebracht werden, sondern nur einfarbige, wobei die Gelege mit blaufarbigen Eiern überwiegen, wie auch ETCHÉCOPAR u. HÜE (1964) beim Überprüfen einer großen Gelegeserie (der Anteil blauer Eier betrug 60%) ermittelten.

Diese Erscheinung der Farbvariation war u. a. auch ein Grund dafür, *moussieri* einstmals als selbständige Gattung „*Diplootocus*" (was soviel bedeutet wie „zweierlei Eier hervorbringend") in das System einzugliedern.

Wanderungen

Obwohl die Art größtenteils wandert, zeichnen sich nur zwei annähernd abgrenzbare Überwinterungszentren ab und zwar eines im Küstenbereich des südlichen Tunesiens mit Ausstrahlung in das anschließende Hinterland, also nahe beim Sommervorkommen; ein weiteres im Raum Laghouat—Biskra—Medea. Die südlichsten uns bekannten Winterplätze liegen bei Beni Abbes (30°11' N/2°4' W; DUPUY 1966), El Golea (30°35' N/2°51' E; SERLE 1943), und südlich Ouargla (32° N/5°16' E; GEYR v. SCHWEPPENBURG 1918). Auf Grund der engen Nachbarschaft vieler Sommer- und Wintervorkommen, wie das z. B. im Sous, bei Mogador, in der Gegend von Tanger und in Tunesien öfters zu bemerken ist, könnte das Zuggeschehen treffender als mehr oder weniger weitreichende Streiferei angesehen werden.

Auf diese Erscheinung hatte bereits LAVAUDEN (BANNERMAN 1927) hingewiesen; er beobachtete nämlich, daß Diademrotschwänze, die in der Nähe von Oasen und entlang der Sahelzone überwinterten, im Frühjahr von dort aufbrachen, um zur Brut in nördlichere, höher gelegene Regionen zu fliegen. KOENIG (1888) bemerkte für Nordtunesien, *moussieri* sei Standvogel im weiteren Sinne, der im Winter aber beträchtlich im Land umherstreife.

Phoenicurus moussieri wurde als Irrgast zweimal für Italien nachgewiesen: Nizza 22. 11. 1890 (fide WHITAKER 1905), Calabrien (MOLTONI 1945).

IX

1980

Haliaeetus pelagicus (Pallas)

bearbeitet von

I. A. NEUFELDT und K. WUNDERLICH

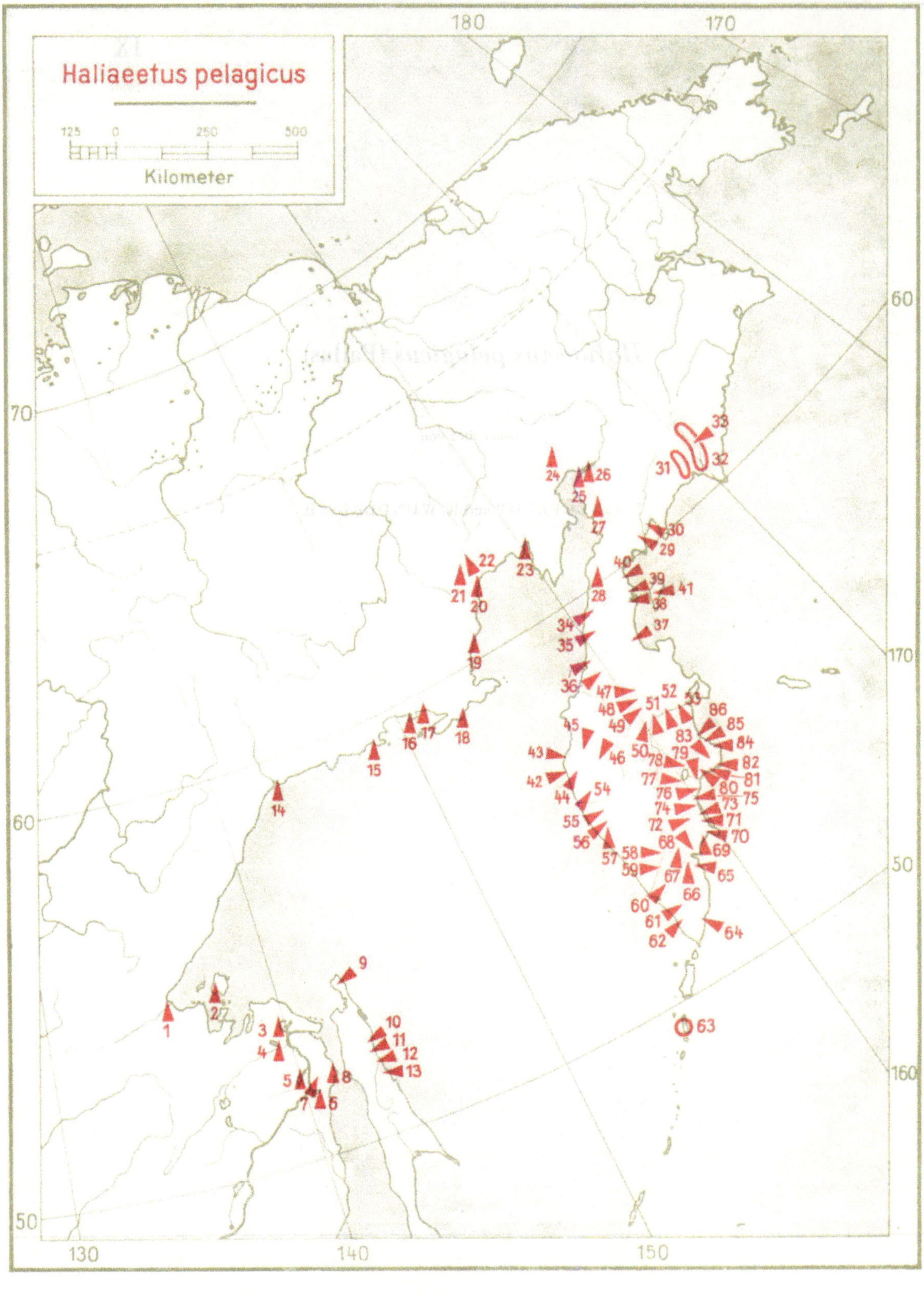

Haliaeetus pelagicus
125 0 250 500
Kilometer
180
170
60
70
170
60
50
160
50
130
140
150
1 2 3 4 5 6 7 8 9 10 11 12 13 14 15 16 17 18 19 20 21 22 23 24 25 26 27 28 29 30 31 32 33 34 35 36 37 38 39 40 41 42 43 44 45 46 47 48 49 50 51 52 53 54 55 56 57 58 59 60 61 62 63 64 65 66 67 68 69 70 71 72 73 74 75 76 77 78 79 80 81 82 83 84 85 86

OSTROUMOW 1967 Wopr. geogr. Kamtschatki. Petropawlowsk–Kamtschatskij. 5, 155–157.

PANOV 1973 Birds South Ussuriland. Novosibirsk. 75, 76.

PORTENKO 1951 Pticy SSSR 1. Moskwa–Leningrad. 181, 182.

SAMORODOW 1939 Sborn. trud. Zool. Mus. Mosk. Univ. 5, 15–19.

SCHULPIN 1936 Promysl., ochotn. i chischtschn. pticy Primorja. Wladiwostok. 218–222.

SPANGENBERG 1965 Sborn trud. Zool. Mus. Mosk. Univ. 9, 135–136.

STEINBACHER 1950 Natur u. Volk 80, 40–44.

STENTSCHENKO 1974 Mat. 6. Wsesojuzn. Orn. Konf. 2. Moskwa. 139–140.

STEPANJAN 1975 Sost. i raspred. Ptic Fauny SSSR. Non-Passeriformes. Moskwa. 100.

TACZANOWSKI 1888 Proc. Zool. Soc. London. 451–453.

TACZANOWSKI 1891 Faune Orn. Sib. Orient. 1. St. Pétersb. 37–43.

TSCHERNIKIN 1965 Ornitologija 7, 272–275.

TSCHERSKIJ 1915 Zap. Ob. izutsch. Amursk. kraja 14, 158.

VAURIE 1965 Birds palearct. Fauna. Non-Passeriformes. London. 156–157.

WELISHANIN 1973 Trudy Biol. Inst. Sib. otd. Akad. Nauk SSSR 16, 242.

WUNDERLICH 1980 Milu 5, 130–132.

YAMASHINA 1931 J. Orn. 79, 517.

YAMASHINA 1933 Tori 8, 115.

YAMASHINA 1942 Tori 11, 235.

ZUKOWSKY 1966 Zool. Garten (NF) Lpzg. 32, 54–59.

Briefliche Auskünfte erteilten: ANDREJEW (Küste d. Ochotskischen Meeres), FIRSOWA (Kamtschatka), GERASIMOW (Kamtschatka u. nördliche Kurilen), ILJASCHENKO (Kamtschatka), KISCHTSCHINSKIJ (Korjak-Hochland), LOBKOW (Kamtschatkaer Gebiet), NAZAROW (Primorje), NETSCHAJEW (Sachalin), ROSLJAKOW (Schantar-Inseln u. Amur-Unterlauf).

Haliaeetus pelagicus (Pallas)

Riesenseeadler, Meeradler

Gliederung

Wahrscheinlich polytypisch: der ochotskisch-beringische *H. p. pelagicus* (Pallas), im Alterskleid braunschwarz, mit weißen Stirnfedern, Schultern, Oberschenkeln und Schwanz, und der koreanische *H. p. niger* Heude – ganz schieferschwarz, nur die Steuerfedern nebst Ober- und Unterschwanzdecken sind weiß.

Was den taxonomischen Status des Koreanischen Meeradlers angeht, so ist er Gegenstand erheblicher Diskussion gewesen: Dem Vogel ist sowohl Art- als auch Unterartrang zugebilligt worden, er wurde bzw. wird auch als dunkle Phase aufgefaßt (vgl. dazu die sehr lesenswerten Ausführungen von AUSTIN 1948, ZUKOWSKY 1966, daneben die von DEMENTJEW 1951, PORTENKO 1951, VAURIE 1965, BROWN u. AMADON 1968, FISCHER 1970, STEPANJAN 1975). Diese systematische Unsicherheit resultiert nicht allein aus der Spärlichkeit des verfügbaren Balgmaterials; insbesondere ist der Umstand dafür verantwortlich zu machen, daß höchstwahrscheinlich Brutzyklus und vor allem Kleiderwechsel dieser konstanten Lokalform nie kontinuierlich verfolgt worden sind – zumindest vermochten wir aller erreichbaren Literatur keinerlei einschlägigen Hinweis zu entnehmen. Auch andere Bemühungen um entsprechende Informationen blieben ohne Erfolg. Jene wissenschaftliche Unterlassungssünde heute wettzumachen, besteht kaum Aussicht: Fide ZUKOWSKY (1966) ist „diese Vogelform in der Freiheit erloschen und auch in den Tiergärten nicht mehr vorhanden". Nachweislich sei seit dem ersten Weltkrieg kein Exemplar dieses imposanten Vogels mehr in zoologische Gärten gelangt. Fachleute aus der engeren Heimat des Schwarzen Seeadlers verneinten Anfang der 60er Jahre das Vorkommen. GORE und WON (1971) verzeichnen in ihrer koreanischen Avifauna letzte, allerdings teils fragliche Beobachtungen im Januar, Februar und Dezember 1968 und deklarieren *niger* zum „ungewöhnlichen Brutvogel". – Insofern stößt die Erledigung jener Frage, die Untersuchungen „vor Ort" über wenigstens 10 Jahre erforderlich machte, auf wohl kaum mehr überwindbare Schwierigkeiten: Faktisch dürfte sie bereits unlösbar sein.

ZUKOWSKY (1966) verdanken wir sehr erwünschte Klarstellungen der Typzugehörigkeit verschiedener gekäfigter Riesenseeadler u. a. vermeintlich koreanischer Herkunft (man vgl. dazu auch BOLAU 1891, 1894, COURTOIS 1912, LAVAUDEN 1924, AUSTIN 1948, STEINBACHER 1950). Der gleiche Autor plädiert mit Nachdruck dafür, den schwarzen Seeadler aus Korea gemäß HARTERTS Vorschlag (1932–1938) als Subspecies von *H. pelagicus* aufzufassen. „Die Vermutung, daß die Schwarzfärbung als das Jugendkleid des Riesenseeadlers zu gelten habe, hat sich ... als irrig erwiesen, und auch die Ansicht, es könne sich um ein auf längere Zeit ausgedehntes Hemmungskleid handeln, muß endgültig verworfen werden" (l. c.). Die Auffassung über eine Schwarzphase von *H. p. pelagicus* sei unbegründet, weil in den Beständen der Riesenseeadler auch außerhalb von *H. p. niger* doch einmal schwarze Exemplare aufgetreten wären. AUSTIN (1948) wendet sich (vgl. p. 82) entschieden gegen die Einstufung dieser Lokalform als Art.

Verbreitung

Das Brutverbreitungsgebiet reicht von der Küste über die waldbedeckten Täler der unteren Flüsse bis teils zu deren

Ort		Quelle
Listwennitschnaja u. andere auf d. Marschroute)	A	Bergman 1935
65. Wiljutschinskaja-Bucht	N	Bergman 1935
66. Paratunka-Oberlauf	N	Gerasimow brfl. 1978
67. Siedlung Korjaki (Awatscha-Unterlauf)	N	Lobkow brfl. 1978
68. Awatschaer Meerbusen (Petropawlowsk-Kamtschatskij)	N	Lobkow brfl. 1978
69. Fluß Nalytschewa	N	Gerasimow brfl. 1978
70. Wachilj-Unterlauf 8 km vor Mündung (35 km S Schipunskij-Halbinsel)	N	Lobkow brfl. 1978
71. Shupanowa-Unterlauf (Shupanowa-Haff; Shupanowa 25 km vor Mündung; Kedrowaja-Fluß)	N	Firsowa brfl. 1978, Lobkow brfl. 1978
72. Shupanowa-Mittellauf	N	Lobkow 1978
73. Karymskaja 18 km vor Mündung	Ns	Lobkow brfl. 1978
74. Berezowaja-Unterlauf 18 km vor Mündung, S Siedlung Shupanowo (= Shupanowskij)	N	Lobkow brfl. 1978
75. Semljatschik-Haff bei Shupanowo (= Shupanowskij)	N	Lobkow brfl. 1978
76. Unterläufe von Schumnaja u. Tichaja — 2,5 bis 20 km vor Küste	Ns	Tschernikin 1965, Lobkow brfl. 1978
77. Unana-Unterlauf, nahe Kronozker See	B	Awerin 1948
78. Unterlauf der Listwennitschnaja, Nähe Kronozker See	B	Awerin 1948
79. Kronozkaja, 15 km vor Mündung ins Meer	N	Lobkow brfl. 1978
80. Umgebung von Bogatschewka: Bogatschewka 10—15 km vor Küste, Medweshka-Mündung	N	Awerin 1948, Tschernikin 1965
81. Olga-Mündung, nahe Siedlung Kronoki	AN	Awerin 1948
82. Kap Olga, in Strandnähe	N	Bergman 1935, Lobkow brfl. 1978
83. Tjuschewka-Mittellauf (E Kronoki)	N	Lobkow brfl. 1978
84. Cholodnaja- u. Wydrowaja-Unterläufe u. Tschashma-See	Ns	Lobkow brfl. 1978
85. Unterläufe von Großer u. Kleiner Tschashma	Ns	Iljaschenko brfl. 1978, Lobkow brfl. 1978
86. Storosch-Unterlauf	N	Lobkow brfl. 1978

LITERATUR

Allen 1905 — Bull. Amer. Mus. Nat. Hist. 21, 243—244.

Austin 1948 — Bull. Mus. Comp. Zool. Harvard 101, 81—84.

Austin u. Kuroda 1953 — Bull. Mus. Comp. Zool. Harvard 109, 380.

Awerin 1948 — Trudy Kronozk. zapow 1, 114, 115.

Belopolskij 1939 — Sborn. trud. Zool. Mus. Mosk. Univ. 5, 127—134.

Belopolskij u. Rogowa 1947 — Bjull. Mosk. Ob. ispyt. prirody, biol. 52, 44.

Benkowskij 1963 — Ornitologija 6, 466.

Bergman 1935 — Nordostasiat. Vögel. Stockholm, 99—101, 223.

Bianki 1909 — Ann. Mus. Zool. Petrograd 14, 68.

Bolau 1891 — Zool. Garten 32, 269—270.

Bolau 1894 — Zool. Garten 35, 193—194.

Brown u. Amadon 1968 — Eagles, Hawks and Falcons of the World 1, 296—299.

Check-list Japanese birds 1974 — Tokyo. 65.

Clark 1910 — Proc. U. S. Nat. Mus. 38, 57.

Courtois 1912 — Mem. Hist. nat. Emp. Chin. 5, 6.

David u. Oustalet 1877 — Ois. Chine. Paris. 13, 14.

Dementjew 1940 — Mat. pozn. Fauny i Flory SSSR. Nov. ser., otd. zool. 2 (17), 38, 39.

Dementjew 1949 — Trudy Mosk. zooparka 4, 132—138.

Dementjew 1951 — Pticy Sowjet. Sojuza. Moskwa. 1, 243—246.

Dörries 1888 — J. Orn. 36, 60.

Dulkejt u. Schulpin 1937 — Trudy Biol. Inst. Tomsk 4, 119.

Fischer 1970 — Die Seeadler. Wittenberg. 85—86, 104, 111—115.

Gilbert 1922 — Condor 24, 66.

Gizenko 1955 — Pticy Sachalinsk. Obl. Moskwa. 181—182.

Gore u. Won Pyong-Oh 1971 — Birds of Korea. Seoul—Tokyo. 171.

Hanna 1920 — Auk 37, 250—251.

Hartert 1932—1938 — Vögel paläarkt. Fauna. Ergänzungsb., Berlin. 422.

Hesse 1915 — J. Orn. 63, 363, 364.

Johansen 1934 — Trudy Tomsk. Univ. 86, 238.

Kischtschinskij 1968 — Pticy Kolym. nagorja. Moskwa. 43.

Kistjakowskij, Smogorshewskij 1973 — Wopr. geogr. Daln. Wostoka 11. Chabarowsk. 195.

Labzjuk et al. 1971 — Trudy Biol.-Potschw. Inst. Daln. Zentr. Akad. Nauk SSSR, Nov. Ser., 6, 58.

Lavauden 1924 — Ann. Mus. Hist. Nat. Marseille 19, 1—5.

Lobkow 1977 — Tezisy 7. Wsesojuzn. Orn. Konf. 2. Kiew. 232, 233.

Lobkow 1978 — Zool. Sh. 57, 1048—1052.

Netschajew 1969 — Pticy jushn. Kurilsk. ostrowow. Leningrad. 53.

Nikolskij 1889 — Ostrow Sachalin i Fauna. St. Petersb. 221, 222.

Ostroumow 1961 — Bjull. Mosk. Ob. ispyt. prirody, biol., 66, 151—153.

FUNDORTLISTE

1	Uda-Mündung	N	Schulpin 1936
2	Schantar-Inseln	NA	Dulkejt u Schulpin 1937, Rosljakow brfl. 1978
3	Mündungen von Ul u. Dshapi in Orelj-See	NJ	Rosljakow brfl 1978
4.	Amgunj-Unterlauf	AJ	Rosljakow brfl 1978
5.	Udylj-See	A	Rosljakow brfl 1978
6.	E-Ufer Kizi-See	B	Schulpin 1936, Rosljakow brfl. 1978
7	Kadi-See	B	Rosljakow brfl. 1978
8.	Kap Lazarew	A	Tscherskij 1915
9.	Schmidt-Halbinsel (VIII)	A	Netschajew brfl. 1978
10.	Tschajwo-Buch	N	Netschajew brfl. 1978
11	Dagi-Bucht	A	Netschajew brfl. 1978
12.	Tymj-Mündung	JB	Coll. Zool. Inst. Leningrad; Nikolskij 1889
13.	Nabil-Bucht	A	Netschajew brfl 1978
14.	Ochotsk	Ba	Waskowskij (Andrejew brfl. 1978)
15.	Motyklejka	ABNs	Kretschmar (Andrejew brfl 1978)
16.	Nagajewa-Bucht	J	Coll. Mus. Magadan (Kischtschinskij 1968)
17	Ola-Bucht (nahe Ola)	N	Dementjew 1940
18.	Babuschkina-Bucht	Bs	Kischtschinskij 1968
–	Jama-Unterlauf	ABNa	Andrejew brfl. 1979
19.	Zwischenstromland von Takor, Bulun u. Topolewka (etwa Ugulan-Tumany)	AB	Kischtschinskij 1968
20	Wiliga-Mündung (Umgebung d Dorfes Wiliga)	Ba	Waskowskij (Andrejew brfl. 1978)
21	Siedlung Galimyj	N	Kischtschinskij 1968
22.	Buksunda-Talkessel u. Fluß Dshugadshak (nahe Siedlung Buksunda)	N	Kischtschinskij 1968
23	Siedlung Gishiga	AJ	Buxton (Allen 1905)
24.	Fluß Jarinak (Zufluß d. Tychloj, 90 km N Parenj)	N	Gerasimow brfl. 1978
25.	Kamenskoje	N	Gerasimow brfl. 1978
26.	Penshina-Unterlauf	N	Bashanow (Dementjew 1940)
27	Flüsse Jewonnwajam u. Unnejwajam (40 – 70 km E Talowka)	N	Gerasimow brfl. 1978
28.	Fluß Kujwiwajam (40 km NE Rekinniki)	N	Gerasimow brfl. 1978
29.	Wywenka (= Wiwnik), 25 km vor Mündung	N	Lobkow 1978
30.	Tilitschiki (1 – 7 IV)	A	Belopolskij u. Rogowa 1947
31	Fluß Pachatscha	Aa	Samorodow 1939
32.	Apuka, vom Dorf gleichen Namens bis Einmündung des Kaj-Agi (von Mündung stromaufwärts ca. 200 km)	ABN	Samorodow 1939, Kischtschinskij brfl 1978
33.	Atschajwajam (Zusammenfluß von Atschajwajam u. Apuka)	ABN	Kischtschinskij brfl. 1978; Coll. Zool. Inst. Leningrad

34.	Lesnaja-Unterlauf	N	Gerasimow brfl 1978
35.	Fluß Palana (50 km vor Siedlung Palana)	N	Gerasimow brfl 1978
36.	Flüsse Shilowaja u. Wojampolka (Umgebung d. Siedlung Wojampolka)	N	Gerasimow brfl 1978
37	Rusak-Flußtal = Rusakowa-Tal), oberhalb von Rusakowo	N	Belopolskij u. Rogowa 1947
38.	Karaga-Bucht	A	Coll. Zool. Inst. Leningrad
39.	Ossora	B	Lobkow brfl. 1978
40.	Fluß Tymlaty (= Tymlat), 2 IV	A	Coll. Zool. Inst. Leningrad
41.	Karaginskij-Insel, Westgestade	Ns	Gerasimow (Kischtschinskij, Lobkow brfl. 1978)
42.	Moroschetschnaja-Unterlauf	N	Lobkow brfl. 1978
43.	Kap Chajrjuzowa	N	Lobkow brfl. 1978
44.	Fluß Pchyn (Zufluß Moroschetschnaja, davon 9 km E)	N	Lobkow brfl. 1978
45.	Fluß Chajrjuzowa (30 km vor Mündung, nahe Chajrjuzowo)	N	Ostanin (Lobkow brfl. 1978)
46.	Fluß Bystraja, 60 km vor Mündung	N	Ostanin (Lobkow brfl. 1978)
47	Kunchilok-Fluß oberhalb von Jelowka	N	Lobkow brfl. 1978
48.	Mündungen von Rassoschina, Staritschok u Mogera in Jelowka	N	Lobkow brfl. 1978
49.	Mündung der Kirewna in Jelowka	N	Lobkow brfl. 1978
50.	Belaja (Nebenfluß d Kamtschatka), 50 km von Siedlung Majskoje (= Kresty) entfernt	N	Lobkow brfl. 1978
51	Jelowka-Mündung nahe Siedlung Kljutschi	N	Lobkow brfl. 1978
52.	Kamaki	Nc	Bergman 1935
53.	Nishne-Kamtschatsk	Nc	Bergman 1935
54.	Sopotschnaja-Mittellauf	N	Gerasimow brfl 1978
55.	Mittellauf der Oblukowina	N	Gerasimow brfl. 1978
56.	Kolpakowa (Zusammenfluß von Linker u Rechter Kolpakowa)	N	Gerasimow brfl. 1978
57	Große Worowskaja, etwa 10 km vor Sobolewo	N	Lobkow brfl. 1978
58.	Bystraja-Oberlauf bei Siedlung Ganaly	N	Lobkow u Komarow brfl 1978
59	Fluß Bystraja bei Siedlung Malka	N	Lobkow u Komarow brfl. 1978
60.	Mittellauf der Plotnikowa	N	Gerasimow brfl. 1978
61	Opala-Mittellauf	N	Gerasimow brfl. 1978
62.	Golygina-Mittellauf	N	Gerasimow brfl. 1978
63.	Onekotan	N	Gizenko 1955, Gerasimow brfl. 1978
64.	Kap Gawrjuschkin (= Inkanjusch) bis Petropawlowsk-Kamtschatskij, in allen Buchten (Achomten,		

Mittelläufen. Reichtum dieser Gewässer an Fischen, vornehmlich Salmoniden, und Vorhandensein bzw. Fehlen alter starker Bäume, die sich zu Horstbäumen eignen, bedingen ein überaus zerstreutes Vorkommen innerhalb des Areals. Dieses bedeckt bei *H. p. pelagicus* die Küste des Ochotskischen Meeres [vom Norddrittel Sachalins, dem Amur-Unterlauf und den Schantar-Inseln im Südwesten bis zu den Unterläufen von Tychloj und Penshina im Norden, die Westküste von Kamtschatka entlang südwärts bis Onekotan (Nordkurilen)], die küstennahen Räume Ostkamtschatkas, die benachbarte Karaginskij-Insel, das Korjak-Bergland, reicht vom Gestade der Bering-See nach Nordosten bis zu den letzten *Populus*-Wäldern am Apuka-Oberlauf. Offensichtlich isoliert existiert bzw. existierte eine kleine ortsstete Population (*H. p. niger*) in küstennahen Bereichen Nordost- und Mittelkoreas (vgl. Austin 1948). Der einzige sichere Nachweis jenseits der koreanischen Grenzen wurde am 9. März 1902 bei Sidimi im Südprimorje erbracht (in Coll. Zool. Inst. Leningrad). Die ganz wenigen Nachweise, die für Korea im Spätherbst, Winter bzw. Frühling geführt werden konnten, liegen durchweg um Jahrzehnte zurück (siehe Taczanowski 1888, Austin 1948, Gore und Won 1971).

Die unregelmäßige Brutverbreitung der Nominatform hat uns bewogen, auf ein Ziehen exakter Arealgrenzen von vornherein zu verzichten und alle Fundorte, deren wir literarisch und per Korrespondenz habhaft zu werden vermochten, auf unsere Karte zu bringen. So zu verfahren schien uns um so bedeutsamer, als unsere Karte viele bisher unveröffentlichte Brutnachweise enthält und die erste Zusammenschau des Fortpflanzungsraumes dieses Adlers überhaupt darstellt. Sie ist auch insofern hochaktuell, als der Art beispielsweise auf Kamtschatka erst seit wenigen Jahren wissenschaftliche Aufmerksamkeit geschenkt wird.

H. p. pelagicus brütet nicht auf den anderen Kurilen (Yamashina 1931, Bergman 1935, Welishanin 1973), nicht auf Südsachalin (Benkowskij 1963) und im Küstenbereich des Primorje; hier wie auch in Zentralkamtschatka und lokal weiter nördlich vertritt ihn *H. albicilla*. Leere Horste — einer gefunden am 17. September 1947 auf Urup (Gizenko 1955) und ein weiterer (17. 5. 1966) auf Karamzina in der Bucht Peters des Großen (Labzjuk et al. 1971) — wurden fälschlich *H. pelagicus* zugeschrieben, nur weil an eben diesen Tagen dort ein Vertreter der Art vorüberflog, der im ersten Fall schon im Winterquartier eingetroffen sein und es im zweiten noch nicht verlassen haben konnte. Es ist bekannt geworden, daß einzelne, eventuell noch nicht brutreife Stücke an Überwinterungsorten (außerhalb des Areals) gelegentlich ziemlich lange verweilen: Nazarow (brfl. 1978) sah 1 Exemplar im Juni auf Furugelma in der Bucht Peters des Großen; Spangenberg (1965) berichtet, daß sich am Iman (= Große Ussurka) einzelne bis Ende Mai/Anfang Juni aufhalten; Kistjakowskij und Smogorshewskij (1973) begegneten einem Vogel am 4. Mai am Amur unterhalb von Chabarowsk; Yamashina (1931) publizierte als spätestes Beobachtungsdatum von Paramuschir den 6. Mai; Netschajew (brfl. 1978) registrierte den Adler am Newsker See nahe der Terpenija-Bucht (Zentralsachalin) während der Brutzeit.

Die ochotskisch-beringische (Nominat-)Form läßt vorerst keine Bestandsverringerung erkennen, obwohl in Katastrophenwintern Riesenseeadler infolge Nahrungsmangel umkommen (Lobkow 1977). So sind im Winter 1972/73 allein im Raum Shupanowo (Ostkamtschatka) 20 verhungerte gefunden worden — auf der ganzen Halbinsel waren es wahrscheinlich bedeutend mehr. Danach schien die Anzahl, zumindest im Innern Kamtschatkas, zusammengeschmolzen, jedoch erfuhr gerade hier die Zahl der Brutpaare schon 1976—1977 erhebliche Vergrößerung, und es wurden neue Horste entdeckt. Lobkow (1978) beziffert die Kamtschatka-Population derzeit auf 480—520 Brutpaare und bis 2300 Nichtbrüter, hauptsächlich noch nicht fortpflanzungsreife Stücke.

Der Reproduktionserfolg ist mit 0,3 relativ niedrig: Auf 13 Eier in Gelegen kommen nur 4 ausgeflogene Jungadler (Lobkow 1978).

Oekologie

Brutreviere sind an die Laichgründe (Flüsse und Seen) aus dem Pazifik aufsteigender Fische gebunden, hauptsächlich diverser Salmoniden. Die Horste stehen sowohl direkt an der Küste und den Unter- bis Mittelläufen von Flüssen, gewöhnlich 15—25 km vom Meer entfernt. Wenige Brutplätze liegen am kamtschatischen Ostufer noch weiter im Inneren (bis 35 km), vereinzelt horsten Paare, z. B. an Shupanowa und Kamtschatka, 50 km und mehr hinter der Küste (Lobkow 1978). Im Küstenbereich Westkamtschatkas wurden Horste in über 60 km Entfernung vom Meer angetroffen (Gerasimow, Lobkow brfl. 1978). An der NE-Peripherie seines Vorkommens (Korjak-Bergland, Fluß Apuka) brütet *H. pelagicus* in den letzten spärlichen Pappelgehölzen, ca. 200 km von der Mündung weg (Kischtschinskij brfl. 1978), andererseits betragen die kürzesten Distanzen bis zur Küstenlinie auch hier kaum mehr als 60—70 km. Im Kronozker NSG am Semljatschik-Haff kann man übrigens gut den Eindruck gewinnen, daß etliche Paare ihre Horste nicht weit von winterlichen Aufenthaltsorten bauen.

Engeres Bruthabitat sind hochstämmige Wälder in der Küstenregion, an Flußufern (primär denen der Unterläufe), desgleichen steinige und Felsenufer der Meeresbusen und -buchten. Auf Kamtschatka (Lobkow 1978) werden parkartige Wälder aus *Betula ermani* und lockere Bestände von Erlen, Pappeln und Chosenien bevorzugt. Höher als in jenem *Betula*-Saum sind Riesenseeadler nicht bemerkt worden, ebensowenig in den Fichten-Lärchenwäldern der zentralen Senke. Am ochotskischen Gestade sind die Horste am Rand der *Larix*-Taiga, im Kolyma-Hochland (Kischtschinskij 1968), an der Motyklejka in lichtem Lärchen- und Chosenienwald (Andrejew brfl. 1978). Wo für den Horstbau geeignete große Bäume bzw. Küstenfelsen (Steilwände) nicht verfügbar sind, siedelt sich der Vogel nicht an. Deshalb fehlt er als brütende Species in sumpfigen waldarmen Ebenen, so im Parapol-Tal (Lobkow brfl. 1978) und in der Südhälfte des westkamtschatischen

Tieflands (zwischen Kap Chajrjuzowa und der Siedlung Ozernowskij — GERASIMOW brfl. 1978). Fide ANDREJEW (brfl. 1978) fand ihn KRETSCHMAR auch nicht bei einer Begehung der flechtenbehangenen Baumvegetation auf der Halbinsel Tajgonos. In gebirgigen Partien Kamtschatkas, im Innern (z. B. am oberen und überwiegenden Teil des Kamtschatka-Mittellaufs — LOBKOW 1978) sowie an den Oberläufen der Flüsse ist er während der Brutzeit nicht oder sehr selten zu beobachten.

Im Süden und Zentrum der westlichen und östlichen Kamtschatka-Küste ist er zahlreich (OSTROUMOW 1967, LOBKOW 1978). LOBKOW skizziert die Vorkommensdichte in verschiedenen Gegenden Ostkamtschatkas wie folgt: An der Küste zwischen Shupanowa und der Kleinen Tschashma brüten 38 Paare, im Raum Kap Kamenistyj (Kronozk-Halbinsel) horstet im Mündungsgebiet fast jedes größeren Flusses 1 Paar, d. h., 1 Paar entfällt auf 8—10 km Meeresküste. An der Schumnaja 1 Paar je 1,5—2 km Flußlauf. In *Betula ermani*-Wäldern, wie sie sich gegen die Strommündungen hinziehen, 2—3 Paare pro 1 km^2 (z. B. an der Karymskaja), in der Regel jedoch ist die Brutpaardichte wesentlich niedriger. Jene hohe Abundanz ist anscheinend auch nördlich des Kronozker NSG vorhanden, zumindest bis Ossora, nördlich davon wird sie, nach Meinung LOBKOWS (in litt. 1978) geringer — korreliert mit anderem Waldtypus und großer Kopfzahl von *H. albicilla*.

H. pelagicus ist im gesamten Areal mit *H. albicilla* sympatrisch. Das Nahrungsspektrum ist im Sommer fast gleich, die Konditionen für den Horstbau überaus ähnlich; insofern kann interspezifische Konkurrenz vermutet werden. Deshalb kommt (LOBKOW 1978) *H. albicilla* dort, wo *H. pelagicus* regelmäßig ist, wahrscheinlich spärlich vor bzw. überhaupt nicht und umgekehrt. Das ist in küstennahen Gebieten Kamtschatkas klar auszumachen, ebenso dominiert *H. pelagicus* innerhalb der Verbreitungsgrenzen geschlossener Wälder aus Erman-Birken (bis 60° n. Br.). Im Kronozker NSG beispielsweise brüten 25 Paare von *H. pelagicus*, aber lediglich 1—2 *H. albicilla*-Paare. Im Inneren der Halbinsel (so im Kamtschatka-Bassin), Nordteil und auf dem Korjak-Hochland herrscht *H. albicilla* vor und vertritt den großen Gattungsgenossen auch an den Oberläufen der Flüsse — die Unterläufe hält dieser besetzt. Auf der Karaginskij-Insel brüten (GERASIMOW brfl. 1978 3—5 Riesenseeadler-Paare, der kleinere Verwandte fehlt dort.

Die Horste stehen auf Kamtschatka in den Wipfeln alter Birken und Pappeln, gelegentlich Erlen (BERGMAN 1935, BELOPOLSKIJ u. ROGOWA 1947, AWERIN 1948, TSCHERNIKIN 1965, LOBKOW 1978, GERASIMOW, ILJASCHENKO, FIRSOWA brfl. 1978), im Korjak-Bergland in Pappeln (KISCHTSCHINSKIJ brfl. 1978), auf dem Kolyma-Hochland und an der ochotskischen Küste in Lärchen (KISCHTSCHINSKIJ brfl. 1978). An der Motyklejka fand KRETSCHMAR 2 Horste auf *Larix*, 3 weitere in baumwüchsigen Weiden (*Chosenia*), fide ANDREJEW (brfl. 1978). Als Abstände vom Erdboden wurden 6—12 m, mitunter 20 m ermittelt. Baumhorste bestehen aus starken Ästen, trockenen und grünen Zweigen von Kiefernknieholz, Wacholder oder Krähenbeere, trockenem Gras, die Horstmulden werden mit Gras, Blättern und Birkenrindenstücken ausgekleidet. LOBKOW (1978) gibt für gerade fertig gewordene 140—160 cm Durchmesser, 30—40 cm Höhe und 29—32 cm Durchmesser der Mulde an; ein zehnjähriger Horst maß 195—200 cm, war 198 cm hoch, der Muldendurchmesser blieb nahezu unverändert 44 cm. Horste in Steilabfällen der Küstenfelsen sind weniger mächtig und stehen meist in gering tiefen Nischen von Gesimsen, aber auch ungedeckt auf vorspringenden Felsen von Kaps. Das Baumaterial ist mit dem der Baumhorste identisch.

Brutpaare können bereits Ende Februar/Anfang März beobachtet werden, in dieser Zeit fängt das Errichten neuer Horste an — das Ausbessern alter beginnt später, im März, gelegentlich erst im April. In der 1. April-Dekade setzt die Eiablage ein (auf Onekotan Nest mit frischen Eiern am 8. 4. — GIZENKO 1955; an Kamtschatka-Ostküste 2 stark bebrütete Eier am 18. 4. — AWERIN 1948; ebendort 3 frische Eier am 12. 4. — LOBKOW 1978). Sie kann sich fast bis Ende Mai hinziehen, in den meisten Horsten allerdings sind die Gelege im April komplett (BERGMAN 1935, BELOPOLSKIJ u. ROGOWA 1947, TSCHERNIKIN 1965, LOBKOW 1978, GERASIMOW brfl. 1978, KISCHTSCHINSKIJ brfl. 1978). Noch nicht flugfähige Jungadler wurden in Horsten noch den ganzen August über festgestellt; dies scheint selbst bis Anfang September möglich (DULKEJT u. SCHULPIN 1937, LOBKOW 1978, FIRSOWA brfl. 1978).

Die Gelege enthalten 1—3, öfter 2 grünlich-weiße Eier. Maße: 79,8 × 62,7 mm; 79,2 × 62,1 mm; 80,7 × 63,5 mm; 76,0 × 60,6 mm (LOBKOW 1978).

Zur Mauser siehe bei BELOPOLSKIJ (1939) und DEMENTJEW (1949).

Zum Nahrungsspektrum: Die Ernährungsbasis sind Fische, hauptsächlich Lachse. An Örtlichkeiten, die von deren Laichzügen berührt werden bzw. an denen sich die laichenden Fische konzentrieren, sammeln sich auch die Adler, mitunter in Menge. Im Sommer und Herbst werden überwiegend Keta (*Oncorhynchus keta*) und Gorbuscha (*O. gorbuscha*) erbeutet, in den Laichgründen, an Flußunter- und Mittelläufen, auch im Küstenbereich. So hielten sich im August 1966 (OSTROUMOW 1967) im Becken jedes größeren Flusses hinter der Kamtschatka-Westküste 5—15 Riesenseeadler auf. Besonders viel wurden in den Tälern der Chajrjuzowa und der Belogolowaja gezählt: Dort waren erheblich mehr Fische als in anderen fließenden Gewässern zusammengekommen. Am 25. und 26. August sind hier rund 200 *H. pelagicus* protokolliert worden; auf 260 km Distanz längs der Chajrjuzowa wurden 90 Exemplare ausgemacht. — In der Strandregion, wo die Ernährungsbedingungen insgesamt schlechter sind, finden derartige Ansammlungen offensichtlich nicht statt: Auf 50 km Ufer der ostkamtschatischen Kronozker Bucht fand STENTSCHENKO 1974 „nur“ 16 Vögel, KISCHTSCHINSKIJ (1968) notierte bis zu 8 auf 100 km Wegstrecke an der ochotskischen Meerküste (Kolyma-Hochland). — Winters versammeln sich die Adler gern an nicht zufrierenden Gewässern (warme Quellen) und eisfreien Stellen anderer Flüsse und Seen, meist im Küstenwaldgürtel, gleichfalls in bedeutender Zahl. Hauptbeute hier sind Kisutch (*Oncorhynchus kisutch*), der im Winter laicht, und Saibling (*Salvelinus*).

Daneben lebt *H. pelagicus* von Aas aller Art, schlägt auch krankes, entkräftetes, verletztes und mauserndes Feder- und Haarwild, mit wechselndem Erfolg Schneehasen und Füchse (vgl. WUNDERLICH 1980).

Wanderungen

Fast im ganzen Brutverbreitungsgebiet Stand-, Strich- und auch Zugvogel. Winters wird teils in genügend Nahrung spendende Gegenden ausgewichen, andere wandern zumeist in südlicher Richtung, ziemlich weit jenseits der Arealgrenzen oder suchen ein regelrechtes Winterquartier auf, werden demzufolge als Zügler registriert. Den ganzen Winter über bleibt die Art an der Apuka und ihren Zuflüssen (KISCHTSCHINSKIJ brfl. 1978), an West- und Ostküste Kamtschatkas, auch an der Kamtschatka von Oberlauf bis Mündung (BERGMAN 1935, BELOPOLSKIJ u. ROGOWA 1947, AWERIN 1948, OSTROUMOW 1961, TSCHERNIKIN 1965, LOBKOW 1978, GERASIMOW brfl. 1978) und in Nordsachalin (HESSE 1915, GIZENKO 1955). In den rauheren Witterungsverhältnissen der ochotskischen Westküste bleiben sehr wahrscheinlich nur wenige, die meisten wenden sich wie auch ein Teil der Brutvögel aus der Amur-Niederung und von Nordsachalin nach Südsachalin (BENKOWSKIJ 1963), den Amur aufwärts bis etwa Komsomolsk (ROSLJAKOW brfl. 1978) und ins Primorje. Hier verbringen sie den Winter u. a. an den Ussuri-Zuflüssen (TACZANOWSKI 1891, SPANGENBERG 1965) und der Küste, wo sie in manchen Jahren sogar in größerer Zahl anwesend sein können, beispielsweise in der Bucht Peters des Großen (DÖRRIES 1888, TSCHERSKIJ 1915, SCHULPIN 1936, PANOV 1973, NAZAROW 1978 in litt.). Von hier aus erreicht die Nominatform auch Korea und ist als Wintergast im Osten und Süden der Halbinsel nicht allzu selten (AUSTIN 1948, GORE u. WON 1971). Kamtschatka-Adler streifen teils nach Süden, erscheinen dann auf den Kurilen und versammeln sich u. a. an Fischzuchtbetrieben (YAMASHINA 1931, 1933, BERGMAN 1935, GIZENKO 1955, NETSCHAJEW 1969, WELISHANIN 1973). Als gelegentlicher Überwinterer wurde die Art auch für die Küste von Hokkaido nachgewiesen (AUSTIN u. KURODA 1953).

An einigen Stellen läßt sich die herbstliche Zugbewegung der großen Greife gut verfolgen. LOBKOW (1978) teilt mit, daß diese in Ostkamtschatka ab Ende Oktober und im November die Küste entlang abläuft. In der 1. Novemberhälfte geht sie schwach gebündelt vonstatten — bei Shupanowo wurden am 14. November 1975 binnen 3 Morgenstunden 15 Exemplare beobachtet, die paarweise und in Trupps bis zu 5 flogen. Der Abstand untereinander betrug 100—200 m, Stücke mit noch unvollständigem Alterskleid überwogen. Der Frühjahrszug gen Norden findet ebendort von Ende März bis Ende April statt, nördlicher (an der Großen Tschashma) ist er bis zum Ende der 1. Mai-Dekade bemerkt worden. Dort traf man die Vögel einzeln, selten zu zweit und dritt, voneinander nur wenig entfernt, hart über die Uferlinie wandernd an, tagsüber bis zu 7 (LOBKOW 1978).

An Überwinterungsplätzen im Südprimorje stellen sie sich bereits im September ein (1 Ex. in Coll. Zool. Inst. Leningrad vom Kap Pestschanyj bei Wladiwostok am 9. 9. gesammelt), im Frühjahr sind die letzten im dortigen Küstengebiet am 17. März (1961) und 19. März (1962) ausgemacht worden (PANOV 1973).

Weitere Örtlichkeiten, von denen wandernde Riesenseeadler gemeldet worden sind: Jakutsk (24. 7.), Anadyr — Exemplare in Coll. Zool. Inst. Leningrad.

Bering-Insel (Kommandeurs-Inseln) — Species zieht alljährlich, jedoch relativ selten, einzeln, öfter im Oktober und November, weniger im Winter und Frühling (BIANKI 1909, JOHANSEN 1934, Coll. Zool. Inst. Leningrad).

St. Paul (Pribylows) — 15. 12. (HANNA 1920),
Kodiak — 10. 8. (GILBERT 1922),
Unalakscha (Alëuten) — 26. 5. (CLARK 1910),
Raum Peking 1865 (DAVID u. OUSTALET 1877),
Japan — Honshu, Shikoku (AUSTIN u. KURODA 1953), Inseln Sado, Oki, Kiushiu, Tshushima, Goto, Nord-Riukius (Check-list 1974) und Torishima (südlichste Izu-Insel — YAMASHINA 1942).

Larus audouini Payraudeau

Korallenmöwe

Zur Verbreitung

Als Brutvogel inselartig und überaus beschränkt (zw. 42° u. 34 °N u. 3 °W bis 36 °E) südwestpaläarktisch verbreitet, vorwiegend im westlichen Mittelmeer. Einzige für das Mittelmeer autochthone Seevogelart. Monotypisch, phylogenetisch wohl relativ alt und anscheinend von einer „altertümlichen Form der Herings-Silbermöwengruppe" abstammend (Voous 1965). Lt. Witt (1977) ergibt sich nach den Zählungen der seit 1960 an Brutplätzen angetroffenen Altvögel eine Kopfgesamtzahl von 1200—1600 (600—800 Brutpaare); *L. audouini* ist somit die seltenste europäische Möwe und steht auf der „Roten Liste" der IUCN. Allerdings kann nicht ausgeschlossen werden, daß in der Weitläufigkeit der mediterranen Inselwelt Kolonien noch unentdeckt geblieben sind; Witt (1977) vermutet das für das Gebiet zwischen Türkei und Griechenland, Makatsch (1968) veranschlagte jene mit weiteren ca. 100 Paaren. Auch der frühere Brutplatz Nakl-Eiland (= Ile des Palmiers) vor der Libanon-Küste könnte wiederaufleben (siehe Tohmé 1973, Tohmé u. Neuschwander 1974, Tohmé brfl. 1979). — Der größte Brutplatz der Gegenwart wurde 1966 von Brosset und Olier publiziert; sie entdeckten im gleichen Jahr auf einer kleinen Insel innerhalb der Chaffarines-Gruppe (marokkanische Mittelmeerküste) annähernd 1000 wohl großenteils auch brütende Vögel (P. 1), offenbar reichlich 50% des mutmaßlichen Gesamtbestands der Spezies. Witt (1977) unterstreicht die Vordringlichkeit, diese größte bekannte Kolonie zu schützen und die Gründe (vgl. „Oekologie") für die Existenz einer derart bedeutenden Brutstätte zu ermitteln.

Es ist noch unklar, ob der Korallenmöwenbestand stagniert oder abnimmt. Witt (1977) umreißt die Situation wie folgt: „Ein Versuch, die Bestandsentwicklung in den letzten 15 Jahren abzuschätzen, führte zu keinem Ergebnis. Während in einigen Kolonien eine Abnahme der Brutvögel vermutet wurde, nahmen die Populationen auf den Sporaden, Klidhes- und türkischen Inseln geringfügig zu. Ein Trend läßt sich daran nicht ablesen, sogenannte Ab- und Zunahmen könnten auch durch Umzüge . . . verursacht sein.

Nach dem augenblicklichen Stand ist die Korallenmöwe nicht vom Aussterben bedroht. Die zunehmende Industrialisierung der Mittelmeerstaaten könnte jedoch schnell das mediterrane marine Biosystem weitgehend verändern oder zerstören. Ob es der Korallenmöwe dann gelingt, ihre Ernährungsweise (siehe „Oekologie" — K. W.) entsprechend schnell auf eine andere Nahrungsgrundlage umzustellen, läßt sich nicht abschätzen. Dies wird u. a. von der Nahrungskonkurrenz der Mittelmeer-Silbermöwe, Verminderung und Vergiftung des Insektenbestandes, durch zunehmende Anwendung von Pestiziden, Zunahme menschlicher, von Mittelmeer-Silbermöwe und Korallenmöwe verwertbarer Abfallprodukte in Fischerei- und Nahrungsmittelindustrie beeinflußt. Hinzu kommt, daß die Mittelmeer-Silbermöwe, ähnlich wie die Silbermöwe in Mitteleuropa, durch anthropogene Einflüsse zunehmen könnte, was für die Korallenmöwe wegen verstärkter Nistplatzkonkurrenz und Bruträuberei negative Folgen haben würde."

Was Schutzmaßnahmen angeht, so gelte es (vgl. König 1975), Störungen durch Fischer, Eiersammler, Touristen und Hobby-Fotografen abzuwehren. Faktisch laufe das darauf hinaus, bestimmte Brutgebiete aufzukaufen und während der Brutzeit für effektive Bewachung durch dafür angestellte Personen zu sorgen.

Spezialkarte der Verbreitung bei Etchécopar und Hüe 1964 (NW-Afrika), Yeatman 1976 (Korsika).

Oekologie

Schlüsselarbeiten zur Ökologie und Biologie von *L. audouini* lieferten Bournonville (1964), Makatsch (1968) und Witt (1977); Beschreibung der Nester und Eier, Brutdaten und solche der Jungenentwicklung vgl. detailliert dort.

Makatsch (1968) fand Brutplätze (P. 16) „auf den sanft zum Meere abfallenden Südosthängen zweier kleiner unbewohnter Inseln, die . . . mit größeren Steinen übersät und mit niedrigem Buschwerk, Stauden, Disteln und Gräsern bedeckt waren. Silbermöwen brüteten nach unseren Beobachtungen in der Ägäis stets zwischen den oft vegetationslosen felsigen Steilhängen der Inseln . . . Die Korallenmöwe brütet stets völlig offen und nie unter niederen Büschen; es sind typische, ziemlich flache Möwennester stets neben oder zwischen größeren Steinen, u. ausnahmslos standen eine oder mehrere Disteln neben dem Nest" (l. c.). Benachbart brütende Silbermöwen respektierten auffallend die Grenzen des Korallenmöwen-Brutplatzes. Von vorüberfliegenden Eleonorenfalken ließen sich die Vögel nicht stören.

Witt (1977) skizziert 2 Fundorte auf Felseninseln vor der sardischen Westküste und der türkischen Südküste. Die Ufer der sardischen Inseln fielen zum Meer hin aus ca. 70 m Höhe steil ab. Die Oberseite war u. a. mit Queller, Pistazie und Kiefer bewachsen. Neben 18 Paaren von *L. audouini* brüteten etwa 200 Paare *L. argentatus michahellis*. Diese hatten komplett die Oberseite und teilweise die Hänge besetzt. In den Spalten der Steilhänge nisteten Krähenscharben (*Phalacrocorax aristotelis desmaresti*). Als weitere Brutvögel wurden *Falco peregrinus*, *Columba livia* und *Apus melba* notiert. Die Korallenmöwen brüteten an der Südwestecke der Insel 20—30 m über dem Meer an einem 60° geneigten Hang. Der Felsboden dort war überwiegend mit Queller bestanden. Zwischen dessen Polstern hatten die Vögel ihre Nester angelegt. Kürzeste Nestentfernungen untereinander betrugen 2—5 m. — Der südtürkische Brutplatz befand sich auf einer flachen, leicht gewölbten 100 × 150 m großen Felseninsel. Polster der Salzmelde (*Obione portulacoides*) traten zunächst nur in geschützten Löchern,

FUNDORTLISTE

Nr.	Fundort		Quelle
1.	Isabella (Chaffarinen)	Bc	Brosset u. Olier 1966
2.	Kap La Nao	B	Blindow fide Witt brfl. 1978
–	Kap San Antonio	B	Blindow fide Witt brfl. 1978
3.	Kolumbreten (vor Castellon de la Plata, Manco Libre)	BaJ	Arrighoni degli Oddi 1902, Griffin 1971, Pechuan 1974, Pechuan 1975
4.	Pityusen	Bs	Munn 1943
–	Eiland vor Ibiza	Ba	Mester 1971
5.	Südküste der Balearen	Bs	Munn 1943, Griffin 1971
6.	Capraia	B	Moltoni 1975
7.	bei Punta Nero (Elba)	B	Reitz u. Saunier 1976
8.	korsische W-Küste (Cargése- u. Ajaccio-Küste)	Bs	Yeatman 1976
9.	korsische SE-Küste	BNa	Etchécopar u. Hüe 1955, Bournonville 1963 fide Mayaud 1968
–	Cerbicales	B	Bournonville 1964
–	Teredda (Bonifacio)	Bc	Voous fide Bournonville 1964
10.	Inseln vor Cabo Caccio (NW-Sardinien)	Ba	Arrighoni degli Oddi 1902, Vincent fide Bournonville 1964, Witt 1977, Witt brfl. 1978
11.	Vacca	BN	Reiser 1902, Arrighoni degli Oddi 1902, Witt 1977
12.	Toro	B	Reiser 1902, Arrighoni degli Oddi 1902, Witt 1977
13.	Inseln vor sardischem SE-Kap	B	Schenk fide Witt brfl. 1978
14.	Galite-Inseln	B	Etchécopar u. Hüe 1964
15.	Knais (= Kneis)	B	Etchécopar u. Hüe 1964
16.	bei Melissa	BNa	Makatsch 1968, Warncke 1968
17.	Archipel von Skantzoura	Ba	Schultze-Westrum brfl. 1978
18.	Dodekanes	B	Watson 1973 fide Witt 1977
19.	bei Paximada	B	Walter u. Wink fide Witt brfl. 1978
20.	Gilindire	ABNa	Mertens 1971, Warncke 1971, Witt 1976, Witt 1977, Mertens brfl. 1978
21.	Raum Klidhes-Inseln	BNJa	Gore u. Neophytou 1972, Witt 1976

LITERATUR

Arrighoni Jegli Oddi 1902 — Ibis 2 (8), 491–493.
Bauer et al. 1969 — Cat. Faunae Graeciae. Aves. Thessaloniki. 76–77.
Bournonville 1964 — Gerfaut 54, 31, 439–453.
Brosset u. Olier 1966 — Alauda 34, 187–189.
Carnier u. Schelper 1971 — Orn. Mitt. 23, 171–172.
Etchécopar u. Hüe 1955 — L'Oiseau 25, 247.
Etchécopar u. Hüe 1964 — Oiseaux Nord Afrique. Paris. 269–270.
Flach 1959 — Fauna och Flora, 169.
Gore u. Neophytou 1972 — Cyprus Orn. Soc. 2. Rep., 42.
Griffin 1971 — Ardeola 15, 140–141.
Heinze et al. 1978 — Vogelwelt 99, 135–136.
König 1975 — J. Orn. 116, 341.
Kumerloeve 1961 — Bonner Zool. Beitr. 12, Sonderh., 232.
Lathbury 1970 — Ibis 112, 34.
Makatsch 1968 — J. Orn. 109, 43–56.
Mayaud 1968 — J. Orn. 109, 366.
Mertens 1971 — Vogelwelt 92, 190.
Mester 1971 — Bonner Zool. Beitr. 22, 45–47.
Moltoni 1975 — Riv. Ital. Orn. 43, 140.
Morel u. Roux 1966 — Terre et Vie 20, 19–72, 143–176.
Munn 1943 — Ibis 85, 342.
Navarro Medina 1971 — Ardeola 15, 140–141.
Pechuan 1974 — Ardeola 20, 358–359.
Pechuan 1975 — Ardeola 21, 407–408.
Reille 1975 — L'Oiseau 45, 369.
Reiser 1902 — Z. Ool. 11, 105–106.
Reitz u. Saunier 1976 — Nos Oiseaux 33, 268.
Safriel 1968 — Ibis 110, 299.
Smith 1963 — Ibis 107, 513–514.
Tohmé 1973 — Congr. Int. par. médit. côtiers, Castellabate et Malte 18–25 juin 1973.
Tohmé u. Neuschwander 1974 — Alauda 42, 255.
Vaurie 1965 — Birds palearct. Fauna. Non-Passeriformes. London. 479.
Voous 1962 — Vogelwelt Europas u. ihre Verbreitung. Hamburg–Berlin. 124.
Warncke 1968 — J. Orn. 109, 366.
Warncke 1971 — Vogelwelt 93, 24.
Waters 1963 — Ibis 105, 182.
Watson 1973 — Nat. Geogr. Soc. Res. Rep., 1966 Proj., 299–305.
Witt 1976 — Vogelwelt 97, 142–143.
Witt 1977 — J. Orn. 118, 134–155.
Yeatman 1976 — Atlas Oiseaux nich. France 1970 à 1975. Paris. 96, 97.

Briefliche Auskünfte gaben: Kumerloeve (Libanon), Mertens (Türkei), Schultze-Westrum (Griechenland), Tohmé (Libanon), Witt (Spanien, Sardinien, Kreta, Türkei).

IX

1980

Larus relictus Lönnberg

bearbeitet von

I. A. NEUFELDT und K. WUNDERLICH

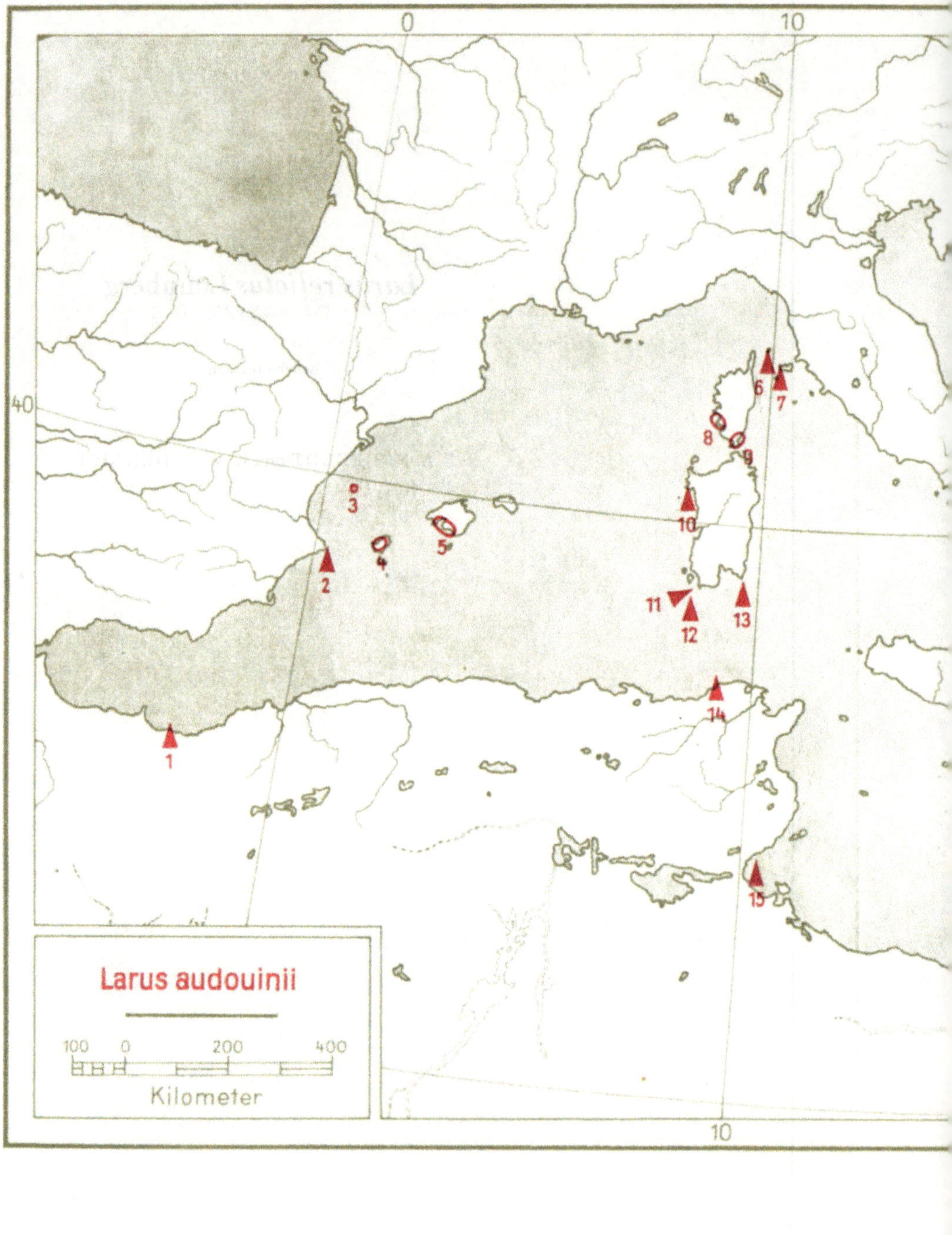
Larus audouinii
100 0 200 400
Kilometer
0
10
40
1
2
3
4
5
6
7
8
9
10
11
12
13
14
15

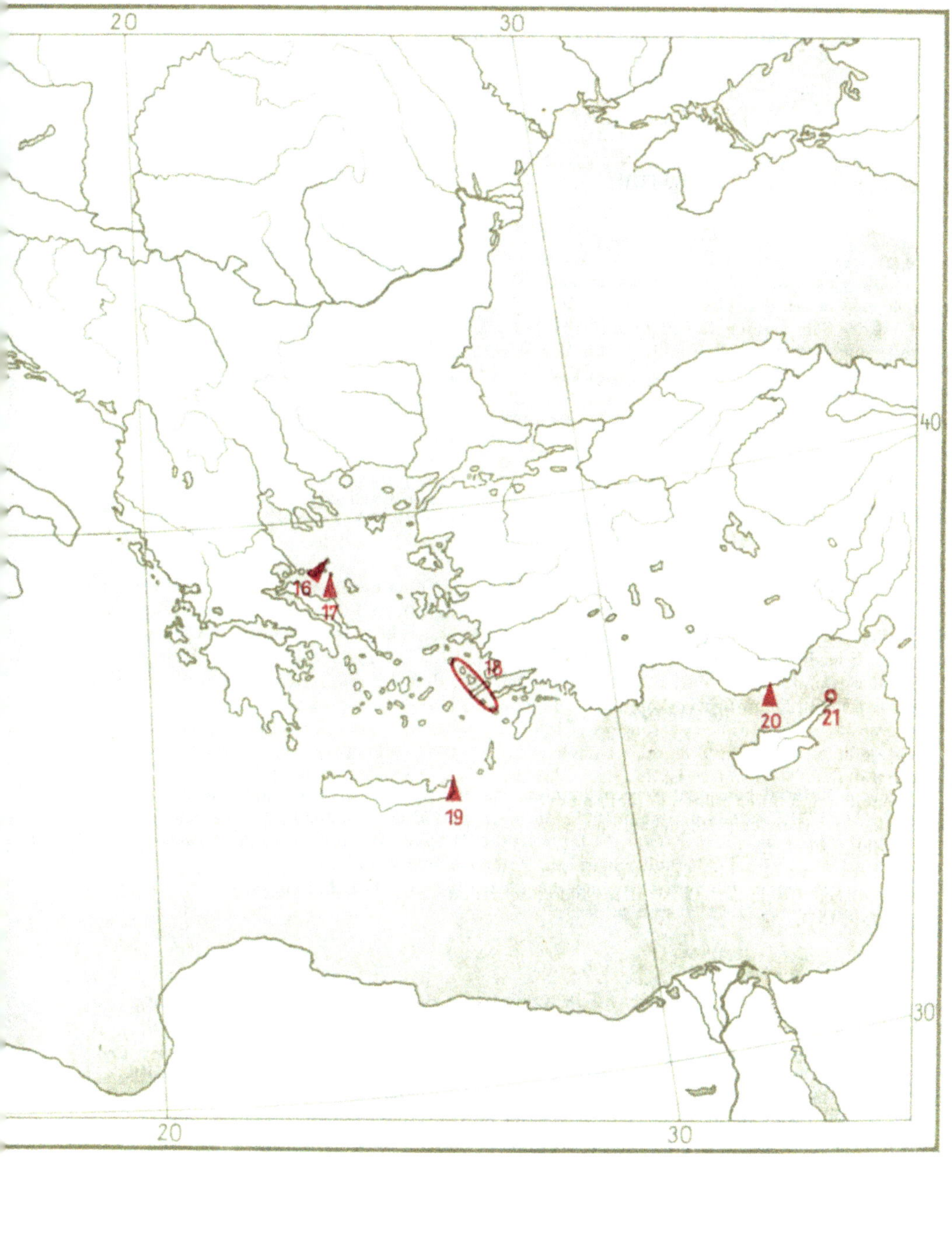
20
30
40
16
17
18
19
20
21
30
20
30

FUNDORTLISTE

Fundort		Quelle
1. Alakolj-See = Alakulj), Insel Srednij	BANJ	Auezow 1970, 1975; Coll Zool Inst Leningrad
2. Barun-Torej, Insel Chuchan	BANJ	Leontjew 1968, Golowuschkin 1977
3. Bajan-nur (S Buir-nur), 15. V	A	Coll. Biol. Inst. Ulan Bator (Stubbe u. Bolod 1971)
4. Dagu (8. u. 9. IV)	A	Coll. Zool. Inst. Leningrad
5. Zondol (Edsin-Gol-Unterlauf, S Sago-nur), 24 IV	A	Lönnberg 1931

LITERATUR

Auezow 1970 — Westn. Akad. nauk Kazach. SSR 1, 59

Auezow 1971 — Zool. Sh 50, 235 – 242.

Auezow 1975 — Mat. sow „Kolonialnye gnezdowja okolowodnych ptic i ich ochrana" Moskwa. 58 – 59.

Auezow 1977 — Redkie i istschezajuschtschie zweri i pticy Kazach Alma-Ata. 119 – 130

Cheng 1976 — List Chin. Birds (Rev Ed) Peking 238.

Golowuschkin 1977 — Tezisy 7 Wsesojuzn. Orn Konf Kiew 207 – 209.

Isenmann 1977 — Alauda 45, 235 – 236.

Larionow u. Tschelcow-Bedutow 1972 — Ornitologija 10, 277 – 279.

Leontjew 1968 — Izw Zabaikal. Fil. Geogr Ob. SSSR 4, 79 – 80.

Lönnberg 1931 — Arkiv f Zool 23 B, 1 – 5

Potapow 1971 — Priroda 5, 77 – 81

Shurawlew 1975 — Mat. sow „Kolonialnye gnezdowja okolowodnych ptic i ich ochrana" Moskwa. 165 – 167

Stepanjan 1971 — Itogi nauki. Ser Biol Zool. pozwon. 1969. Moskwa. 175

Stubbe u. Bolod 1971 — Mitt. Zool Mus. Berlin 47, 52 – 55.

Subkanin u. Flint 1980 — Beitr Vogelkd. 26

Vaurie 1962 — Auk 79, 303 – 309.

Vaurie 1965 — Birds palearct. Fauna. Non-Passeriformes. London. 462.

Voous 1973 — Ibis 115, 630.

Larus relictus Lönnberg

Reliktmöwe

Zur Verwandtschaft

Neuere Forschungen, die an reichem Material betrieben werden konnten, machen deutlich, daß am Artrang dieser Möwe nicht zu zweifeln ist (Auezow 1970, 1971, Stubbe u. Bolod 1971). Insofern sind ältere Vorstellungen, wonach *L. relictus* lediglich Unterart von *L. melanocephalus* sei (*L. m. relictus* — Lönnberg 1931) bzw. Bastard von *L. ichthyaetus*, eventuell mit *L. brunnicephalus* (Vaurie 1962, 1965) als überholt anzusehen. Vgl. auch Isenmann 1977

Steht *L. ichthyaetus* am nächsten. Wir meinen, daß ihre taxonomische Plazierung zwischen *L. ichthyaetus* und *L. melanocephalus* durch Stepanjan (1971) und Voous (1973) zutreffend ist.

Zur Verbreitung

Die Verbreitung der Species ist noch ungenügend aufgeklärt. Unsere Karte fixiert die beiden bisher bekannten, auf sowjetischem Gebiet gelegenen Brutplätze Insel Srednij im Alakolj (E-Kasachstan) und, weit östlich davon, die Insel Chuchan beim Barun-Torej (S-Transbaikalien). Nicht auszuschließen ist das Vorhandensein noch unentdeckter Brutkolonien auf Inseln in Seen der Steppen- und Halbwüstenzone ebener Teile der Mongolei sowie angrenzender Bereiche Chinas (Sinkiang, Ningsia, Innere Mongolei). Allerdings gibt Cheng (1976) keine Hinweise auf das letztere. Dennoch messen wir diesbezüglich Stücken (vgl. P 3, 4, 5) Indikatorwert zu, die in jenen Gegenden im Brutzeitraum gesammelt worden sind — durchaus möglich, daß sie sich schon unweit vom Brutplatz befanden (Dagu, 8. u. 9. IV.) bzw in Kolonienähe Nahrung suchten (Bajan-nur, 15. V., Edsin-Gol, 24. IV.).

Die sehr wahrscheinliche Existenz weiterer Brutansiedlungen von *L. relictus* erklärte unschwer den zuweilen abrupten Wandel der Kopfstärke in den bekannten. So brüteten auf Srednij nach Angaben Auezows (1975): 1968 — 15 – 20 Paare, 1969 — 25 – 30 Paare, 1970 — 118 Paare, 1971 — 35 Paare, 1972 — mehr als 120 Paare, 1973 kein einziges Paar. Auch am benachbarten Sasykkolj hat die Art 1973 nicht gebrütet. Trotzdem sind nach der Brutzeit am Alakolj Altmöwen und flügge Junge angetroffen worden, was Anlaß war, mögliche Existenz von Brutplätzen auf Inseln im Ebi-nur (NW-Sinkiang)

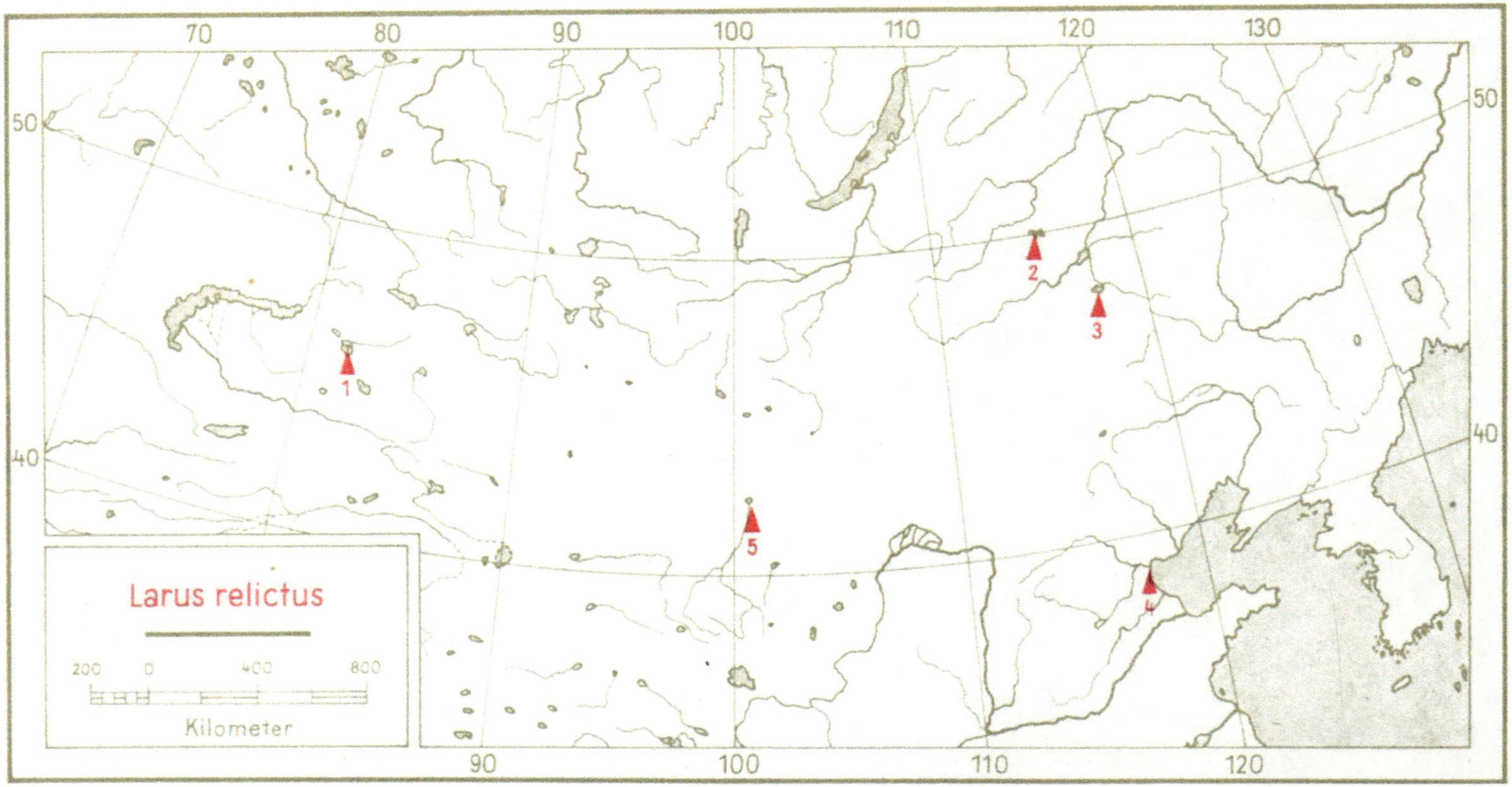

Larus relictus
200 0 400 800
Kilometer
1
2
3
4
5

zu diskutieren (AUEZOW 1975). — Auf Chuchan wurden 1967 ca. 100 Nester gezählt (LEONTJEW 1968), 1970 81 Brutpaare (POTAPOW 1971), 1975 322 (GOLOWUSCHKIN 1977).

Der wenig östlich liegende Zun-Torej (= Dzun-Torej) wird von den Möwen gewöhnlich nur zur Nahrungssuche angeflogen, Brutort ist er nicht. LEONTJEW registrierte dort größere Zahlen im Mai 1963, am 14. V. Trupps von 15—30 (vgl. LARIONOW u. TSCHELCOW-BEDUTOW 1972, ebenso SHURAWLEW 1975). Auch dies könnte Indiz für Kolonien irgendwo auf mongolischem Territorium sein.

Vermutlich war *L. relictus* einst weniger sporadisch verbreitet. Der Vogel ist wohl im Aussterben begriffen; sein Überleben ist heute von diversen Umwelteinflüssen abhängig (u. a. dem Wasserhaushalt der Brutseen, Unversehrtbleiben der Brutplätze, Beeinträchtigung durch lokale Anwohner). Äußeres Zeichen dafür mögen der rasche Wechsel der Koloniestärke, die Ortsunstetheit seines Brütens — das ganze „Pulsieren" des Areals sein. Am Alakolj konstatierte AUEZOW (1975, 1977) erhebliche Mortalität von 2—3tägigen juv. Weitere erliegen regelmäßig Unbilden der Witterung — Hitze, Kälte, Hagel, Stürmen. Vergleichsweise ist die auf sehr flacher Insel bestehende Barun-Torej-Kolonie besonders sturmgefährdet; ansteigendes Wasser schwemmt Gelege und Pulli hinweg (POTAPOW 1971, GOLOWUSCHKIN 1977). An beiden Brutplätzen fallen Eier und Junge (diese vorrangig, sobald sie über die Koloniegrenze geraten) räuberischen Anrainern, meist den zahlreichen Silbermöwen (*L. argentatus mongolicus*) zum Opfer. Möglicherweise ist auch der artcharakteristische, neuerdings genauer untersuchte Kannibalismus gegenüber den Gelegen und eventuell Küken von Artgenossen mitverantwortlich für die geringe Kopfzahl und Seltenheit (vgl. SUBAKIN u. FLINT 1980).

Bis vor einigen Jahren resultierten die nachhaltigsten Störungen auf Srednij aus dem massenhaften Absammeln von Vogeleiern durch ortsansässige Fischer. Daneben wurde die Insel von verschiedensten Besuchern frequentiert. Diese mißliche Situation hat sich inzwischen erfreulich verändert: 1972 ist hier und auf benachbarten Inseln das zeitweilige Schutzgebiet „Reliktmöwe" begründet worden. Der nicht weniger schutzbedürftige Nistort am Barun-Torej genießt diesen Status bis dato noch nicht.

Oekologie

Die Physiognomie unserer beiden Brutplätze kann folgendermaßen umrissen werden: Auf Srednij hat *L. relictus* (lt. AUEZOW 1977) etwa 0,6 km² einer Hanglage inne, die von 2 m über dem Seespiegel bis 65 m darüber reicht. Die Vegetation ist semiarid. In niedrigen Partien stehen Beifuß (*Artemisia*), Kresse (*Lepidium latifolium*), Salzkräuter (*Salsola arbuscula, Halocnemum* spec., *Anabasis salsa*) an, auf welligen nach N exponierten Abhängen Spiräen (*Spiraea*), Hornmelden (*Eurotia*), Rosen, gleichfalls Beifuß, Federgras (*Stipa*), Riesenfenchel (*Ferula*). Abseits dieser Hänge ist das Stratum schütter und nur 30—40 cm hoch. Das nächste Seeufer ist 15 km weit. Neben den Reliktmöwen brüten hier gewöhnlich bis 2500 Paare Fischmöwen (*L. ichthyaetus*), 350 Paare Silbermöwen (*L. argentatus*), 2500 Paare Raubseeschwalben (*Hydroprogne caspia*), bis 1200 Paare Lachseeschwalben (*Gelochelidon nilotica*) und rund 300 Paare Flußseeschwalben (*Sterna hirundo*) sowie bis 20 Paare Mittelenten (*Anas strepera*), 3 Paare Rostgänse (*Tadorna ferruginea*), 3 Paare Austernfischer (*Haematopus ostralegus*) und Feldlerchen (*Alauda arvensis*). Die Nester von *L. relictus* lagen relativ eng beisammen (auf 30—50 cm Distanz, nur selten auf 1—1,50 m). Die gesamte Kolonie beanspruchte nicht mehr als 40—50 m², grenzte einmal an Brutplätze der Raubsee-, ein andermal an solche von Lachseeschwalben.

Der Chuchan (GOLOWUSCHKIN 1977) liegt 5 km vom nächsten Barun-Torej-Ufer entfernt, ist etwa 700 m lang, von 5—100 m breiten Trockenstreifen durchzogen, erhebt sich bis 1,50 m über die Seeoberfläche und ist mit spärlicher Steppenpflanzendecke, hauptsächlich aus *Artemisia*, versehen. 1975 brüteten hier neben *L. relictus*: 850 Paare Kormorane (*Phalacrocorax carbo*), 500 Paare Raubseeschwalben, ca. 1000 Paare Sturmmöwen (*Larus canus*) und 60 Paare Graureiher (*Ardea cinerea*). *L. relictus* hatte 2 Kolonien gebildet (256 u. 66 BP.), ziemlich beengt durch die Vielzahl ringsum nistender Raubseeschwalben. Der größere Brutplatz bedeckte 900 m², der kleine maß 12 m im Durchmesser.

Nester sind Mulden, die mit trockenen Stengeln und Halmen der umliegenden Gras- und Krautkomplexe, auch mit Federn ausgelegt werden (AUEZOW 1977, GOLOWUSCHKIN 1977).

Nestbau und Eiablage gehen bemerkenswert rasch vonstatten. Das Gros der Kolonie bildet sich binnen 5—7 Tagen. So wurden 1970 auf Srednij (AUEZOW 1977) die frühesten Eier in einem Nest am 8. V. gelegt, am 14. V. bargen 14 Nester das 1. Ei, am 18. V. brüteten bereits 70 Vögel, am 2. VI. war die Nester-Höchstzahl erreicht (109). Der Schlupf setzte in diesem Jahr am 3. VI. ein, 1971 am 27. und 28. V., 1972 am 29. und 30. V. Bis 6. VI. waren die Jungen in den meisten Nestern ausgekrochen. Das Fortpflanzungsgeschehen auf Chuchan ist terminlich etwa gleich: 1970 ging der Schlupf am 13. VI. zu Ende (POTAPOW 1971). 1975 fand GOLOWUSCHKIN (1977) vom 9.—10. VI. sowohl stark bebrütete Gelege als auch frisch geschlüpfte und 3—4 Tage alte juv.

Die Gelegegröße schwankt zwischen 1 und 4, oft beträgt sie 3, Vollgelege mit 5 Eiern sind seltene Ausnahmen. Farbmuster: Auf hell-oliv- oder grau-olivfarbenem Grund sind dunkelzimtbraune (fast schwarze), dunkel violette und blaßgraue Flecke verschiedener Größe zerstreut. Maße: Am Alakolj (AUEZOW 1977) 55,8—65 × 38,5—46 mm (100 Stck.), Barun-Torej (GOLOWUSCHKIN 1977) 58—62 × 41,5—45 mm (41 Stck.).

Zur Ernährungsweise: Die Brutmöwen von Srednij unternehmen Nahrungsflüge zu kiesigen Landzungen am Seeufer, auch zu anderen Inseln, und legen dabei bis zu 40 km zurück. Zum Zeitpunkt der frühjährlichen Rückkehr an den Alakolj und beginnenden Eiablage bestand die Nahrung der Adulten hauptsächlich aus kleinen toten Fischen, Insekten (Käfern,

Wanzen, Orthopteren) und Spinnen, die von der Brandung ans Ufer geworfen worden waren. Gegen Ende der Brutperiode beobachtet man eine Gradation von Zuckmücken (Chironomiden), dann Hauptnahrung der Altmöwen, mit der auch die Jungen gefüttert wurden. Diese werden ebenfalls mit Fisch, kleinen Passerinen und deren Nachwuchs versorgt (Auezow 1977). Am Zun-Torej befinden sich traditionelle Nahrungsgründe eines Teils der benachbart brütenden *L. relictus* vom Barun-Torej und von solchen, die nicht am Fortpflanzungszyklus teilnehmen. In Flachwasserbezirken sammeln sich periodisch Flohkrebse (Amphipoden) in Massen; an derartigen Nahrungsquellen findet sich umgehend auch *L. relictus* ein. Des weiteren nehmen die Möwen Wirbellose auf, die in den umliegenden Steppen fliegen.

Wanderungen

Von den bekannten Nistplätzen in Kasachstan und Transbaikalien ziehen die Vögel vor Wintereinbruch ab, offensichtlich aber nicht alle gleichzeitig und ohne Säumen in Richtung winterlicher Aufenthaltsorte, deren genaue Lage wie auch Zugzeit und -routen bislang unklar sind. Man kann die Winterquartiere in SE-Asien vermuten (1 juv. leg. 29. X. 1934 bei Dagu [China], in Coll. Zool. Inst. Leningrad; 1 juv., in der Srednej-Kolonie beringt, wurde noch im gleichen Jahr am 30. IX. am See Bajty-Long in N-Vietnam gesammelt — Auezow 1977). Interessant, daß ein zur selben Zeit (3. VI. 1971) beringter Jungvogel nicht ohne Verzug ins Winterquartier flog, sondern am 29. VIII. 1971, 250—300 km nordwärts, im Abajewsker Raum (Geb. Semipalatinsk) erschien. Ein anderer, am 25. VI. 1968 auf Srednij mit Ring versehen, ist am 25. IX. 1968 nur 30—40 km vom Beringungsort entfernt erlegt worden (Auezow 1977). Jungmöwen, die sich noch bis Ende September unweit des Brutplatzes aufhalten, wandern dann sofort ins Winterquartier.

Heimzug: Erstbeobachtungen am Alakolj fielen in die 2. Aprilhälfte.

Bei Fragen zur Produktsicherheit wenden Sie sich bitte an:
If you have any questions regarding product safety,
please contact:

Walter de Gruyter GmbH
Genthiner Straße 13
10785 Berlin
productsafety@degruyterbrill.com